LITERATURE
AND
ART
STUDIES
SERIES

文艺研究 小丛书
（第二辑）

在美学
内外猜想

周　宪 ◎ 著
张　颖 ◎ 编

文化藝術出版社
Culture and Art Publishing House

图书在版编目（CIP）数据

在美学内外猜想/周宪著；张颖编.—北京：
文化艺术出版社，2022.12
（文艺研究小丛书/张颖主编.第二辑）
ISBN 978-7-5039-7294-2

Ⅰ.①在… Ⅱ.①周…　②张… Ⅲ.①美学－文集
Ⅳ.①B83-53

中国版本图书馆CIP数据核字（2022）第163598号

在美学内外猜想
（《文艺研究小丛书》第二辑）

主　　编	张　颖
著　　者	周　宪
编　　者	张　颖
丛书统筹	李　特
责任编辑	张　恬
责任校对	董　斌
书籍设计	李　响　姚雪媛
出版发行	文化藝術出版社
地　　址	北京市东城区东四八条52号（100700）
网　　址	www.caaph.com
电子邮箱	s@caaph.com
电　　话	（010）84057666（总编室）　84057667（办公室）
	84057696—84057699（发行部）
传　　真	（010）84057660（总编室）　84057670（办公室）
	84057690（发行部）
经　　销	新华书店
印　　刷	国英印务有限公司
版　　次	2022年12月第1版
印　　次	2022年12月第1次印刷
开　　本	787毫米×1092毫米　1/32
印　　张	5.375
字　　数	87千字
书　　号	ISBN 978-7-5039-7294-2
定　　价	42.00元

版权所有，侵权必究。如有印装错误，随时调换。

总　序

张　颖

2019年11月,《文艺研究》隆重庆祝创刊四十年,群贤毕集,于斯为盛。金宁主编以"温故开新"为题,为应时编纂的六卷本文选作序,饱含深情地道出了《文艺研究》的何所来与何处去。文中有言:"历史是一条长长的水脉,每一期杂志都可以是定期的取样。"此话道出学术期刊的角色,也道出此中从业者的重大使命。

《文艺研究》审稿之严、编校之精,业界素有口碑。这本质上源于编辑者的职业意识自觉。我们的编辑出身于各学科，受过严格的学术训练，在工作中既立足学科标准，又超越单学科畛域，怀抱人文视野与时代精神。读书写作，可以是书斋里的私人爱好与自我表达；编辑出版，是作者与读者、写作与出版的中间环节，无时不在公共领域行事，负有不可推卸的公共智识传播之责。学术期刊始终围绕"什么是好文章"这一总命题作答，更是肩负着学术史重任，不可不严阵以待。本着这一意识做学术期刊，编辑需要端起一张冷面孔，同时保持一副热心肠，从严审稿，从细编校。面对纷繁的学术生态场，坚持正确的政治导向，保持冷静客观的判断；面对文字、文献、史实、逻辑，怀着高于作者本人的热忱，反反复复查证、商榷、推敲、打磨。

我们设有相应制度，以保障编辑履行上述学术史义务。除了三审加外审的审稿制度、五校加互校的校对制度，每月两度的发稿会与编后会鼓励阐发与争鸣，研讨气氛严肃而热烈。2020年5月，在中国艺术研究院各级领导大力支持下，杂志社成立艺术哲学与艺术史研究中心。该中心秉持"艺术即人文"的大艺术观，旨在进一步调动我刊编辑的学术主体性与能动性，同时积极吸收优质学术资源和研究力量，推动艺术学科体系建设。

基于上述因缘，2021年初，经文化艺术出版社社长杨斌先生提议，由杂志社牵头，成立"文艺研究小丛书"编委会。本丛书是一项长期计划，宗旨为"推举新经典"。在形式上，择取近年在我刊发文达到一定密度的作者成果，编纂成单作者单行本重新推出。在思想上，通过编者的精心构撰，使之整体化为一套有机勾连的新体系。

编委会议定编纂事宜如下。每册结构为总序＋编者导言＋作者序＋正文。编者导言由该册编者撰写，用以导读正文。作者序由该册作者专为此次出版撰写，不作为必备项。正文内容的遴选遵循三条标准：同一作者在近十年发表于《文艺研究》的文章；文章兼备前沿性与经典性；原则上只选编单独署名论文，不收录合著文章。

每册正文以当时正式刊发稿为底稿。在本次编撰过程中，依如下原则修订：1. 除删去原有摘要或内容提要、关键词、作者单位、责任编辑等信息外，原则上维持原刊原貌；2. 尊重作者当下提出的修改要求，进行文字或图片的必要修订或增补；3. 文内有误或与今日出版规范相冲突者，做细节改动；4. 基本维持原刊体例，原刊体例与本刊当前体例不符者，依当前体例改；5. 为方便小开本版式阅读，原尾注形式统改为当页脚注。

编研相济，是《文艺研究》的优良传统。低调谨细，是《文艺研究》的行事作风。丛书之小，在于每册体量，不在于高远立意。如果说"四十年文选"致力于以文章连缀学术史标本，可称"温故"，那么，本丛书则面对动态生成中的鲜活学术史，汇聚热度，拓展前沿，重在"开新"。因此，眼下这套小丛书，是我们在"定期取样"之外，以崭新形式交付给学术史的报告，唯愿它能够为读者提供一定帮助或参照。

编者导言

张 颖

在地理学里,地形图指使用测绘手段制作的地物地貌的水平投影缩绘图。地形图看似为"地之形"客观投射的符号组合,而绘图者的选择与标注体现着不同的目的功用,故而基于技术而成于思想。地形之学不止于地表之学,亦非简单的空间测量,更有其地理深度和时间向度。就自然地貌而言,用于标示地表起伏与高度状况的等高线,暗示着种种地壳运动引发地表面貌更改的历史记录与潜在走向;就人工地貌而言,如城市地形的图绘可备于未来建设规划。勾勒地形，即便就最简洁的拓扑图而言，皆是透入地貌结构与时空因果的精密工作。

周宪教授在论文中采用了"艺术史的地形图"的有趣提法。这令笔者好奇：有无可能从事一种作为方法论的人文学术地形学？笔者揣摩周宪文章之法，认为这不仅可能，而且深有裨益于治学。

周宪是《文艺研究》的优质作者之一，自1982年至2022年笔者撰写此导言之时，发文（含笔谈、译文）共计34篇，四十年来始终保持着高转载、高引用的影响力热度。细品其作之余，笔者尝试将写作特征概括为以下三个关键词："前沿""宏观""文献"。

"前沿"是就其学术眼光而言，指其成果在一定时期内具有高度首创性，以至于余音不绝，启发出更多的后续成果，形成新的学术风向。犹如西方理论界的密切瞭望者，周宪洞察最新动态和成果，敏锐地做出本质性、方向性的把握，并结合本土学术状况与关切加以消化和转化，形成新的运思与创构。从视觉文化到法国理论，从文化政治到审美论，从艺术史论到艺术的跨媒介研究，他活跃于这一波接一波的研究热潮中，发挥着开路先锋的关键作用。

"宏观"是就成果的视野与跨度而言。优秀的人文学者多擅长给研究对象"画像",凭借纤毫毕现的形貌勾勒,有力地说服读者去相信并乐于接受自己的观点。周宪教授的特异之处在于,出乎其手的"画像"在精准之余给人以宽博之感,时间与空间两维跨度都相当大。在某种意义上,宏观相比于精细更难驾驭,绝非仅凭豪迈之气即可胜任。常见的综述类写作,诸如会议综述、年度学术盘点、学科发展报告等文类,易受总体性之累而浮泛于现象表面,形貌虽存,神魂难觅,读来味同嚼蜡。笔者以为,要权衡轻与重、小与大的微妙比例,谨防停驻于细节或迷失于繁芜而错失筋骨主脉。在周宪教授的文章里,个案被置于全局视野下反复打量,其时空位置被清楚标示,思想实质摹画得形神兼备,其周遭所潜伏的或明或暗的错综关系被勾勒得立体明晰,其所归属的主义、学派、思潮之更迭逻辑乃至未来走向,同样得到梳理与透视。描绘这种表里透辟、经纬时空的"大画",也就是我们所说的人文学术地形学。

　　"文献"指的是丰富扎实、勾连有序的文本功底。纵观周宪教授的每篇论文,会发现它们都在进行相关文献的"巡游",就其达成的规模与系统性程度而言,堪称"壮游"(grand tour)。如果说"前沿"与"宏观"构成针对周宪学术成果的价值认定，那么，"文献"则更属于诸价值的主体性成因之一（至于其他成因，或可归于天分与际遇，恐非可学可至），即"实学"功夫，类似于地图绘制无法不建基于对海量的实地勘探数据的科学鉴别与分析。除了承担论文的学术史承启与交流功能，完整可靠的文献体系亦便于初级水平的读者迅速了解并掌握某一研究域的基本面，发挥论文的"导引"（introduction）功能。

以下将结合所收录的具体论文详细阐述。

《艺术史与艺术理论的紧张》一文刊发于《文艺研究》2014年第5期理论专题的首篇。这篇讨论艺术史与艺术理论之关系的文章，以高屋建瓴的宏观视角，运筹多个领域的研究材料，追溯了西方自有艺术史学科以来史、论之间是如何相互磨合并最终相互促进的。值得一提的是，文中别出心裁地提出了"艺术史的两次理论'入侵'"这个高度原创的观点。连同文题中的"紧张"一词，这一类形象而精到的历史性概括，有助于读者迅速把握艺术史与论之关系的基本面貌。

第一次"入侵"，指的是19世纪后期，德国、奥地利和瑞士等德语国家（瓦尔堡学派、维也纳学派）对艺术史的理论建设。第二次"入侵"，指的是从20世纪60年代末开始，文学研究尤其是语言学方法，诸如文本理论、符号理论进入艺术史研究，种族、性别、符号学、精神分析等，"意向""再现""意识形态"等概念几乎彻底改变了艺术史的地形图。由艺术史之"外"向内渗透，甚至化而为"内"。这些"理论"协助了艺术史领地的大面积扩张，同时干扰了这块领地的纯粹性，带来了新的困惑与争议（如文中借雅各布森之喻，提出"就像警察本该抓住窃贼，却抓了一大帮与盗窃无关的嫌疑人"这一有失其正的痼疾），也前所未有地赋予了该领域无与伦比的活力，正如文中所言，它俨然成为"各种武器的试验场"。

如果说《艺术史与艺术理论的紧张》一文紧扣艺术的理论与其历史的关系问题，那么两年后发表的《审美论回归之路》一文则着眼于外延更广的"理论"新趋势。该文刊发时位列《文艺研究》2016年第1期理论专题的首篇（投稿标题原为"审美回归论"，刊发时改作"审美论回归之路"）。这是一篇具有美学史价值的宏大文章，其视野与价值却并不限于（狭义的）美学学科，而是遍涉人文学术的知识生产。文中认为，审美论与文化政治论之间的对抗与此消彼长，构成20世纪美学研究趋势的变迁图景。在这条线索上，美学研究重心的转变呼应着社会思潮的方向，并做出自身的调整与转变。

《艺术跨媒介性与艺术统一性——艺术理论学科知识建构的方法论》(刊发于《文艺研究》2019年第12期)阐发了艺术理论领域的一个新的着力点。这篇文章考察了艺术交互关系中西研究的四种主要范式，即"姊妹艺术"研究、历史考察模式、艺术类型学、比较艺术或跨艺术研究，并认定跨媒介研究最有优势，因为它尊重艺术现象难以摆脱的媒介特性，且既继承又超越了传统美学门类研究和比较文学的比较艺术范式，能够较好地将艺术之外更广阔范围内的学科引入艺术研究，便于将分析延伸至新兴的多媒体艺术，以及解释超媒介、媒介转换、多媒介等模态，具备无可比拟的包容性和开放性。

自现代时期以来，"艺术"一词的集合性时常处于备受质疑的境况，而"跨媒介"这一思路既包容诸多传统命题，又朝向未可预料的艺术新形态、新载体，为艺术基础理论的研究赋予灵动而稳固的解释力量。于是，这一理路从内部为艺术之"学"的统一性奠基：一旦掌握了这一"多样性的统一性"，人们不必再汲汲于回答"各门艺术究竟是一还是多"的难题，不必勉强在"艺术是什么"本体论题旨下为各门类艺术寻求一个静态的共同本质，甚至有条件相对地松弛各门类艺术的规定性。作为一项崭新的前沿研究，该文为艺术研究提出了一条令人振奋的新思路，同时打造出了一件相当称手的理论工具。在该文发表之后，学界果然掀起探究跨媒介问题的热潮，至今依然成果迭见。

《英语美学的历史谱系》集中展现出周宪教授的文献优势。该文刊发于《文艺研究》2021年第11期。该组推出"英语美学"研究的新成果，与其后期的"大陆（德法）美学"专题构成呼应。英语美学，主要指英美美学，以经验主义—分析哲学为哲学基础，以英美（澳）世界便捷、丰富、频繁的培养、交流体系为制度保障，自17、18世纪以来延续了相对一致或接近的问题域和方法论。如果说欧陆哲学与美学长于为美学提供原初问题和纵深动力，那么或许可以说，英语美学擅长处理日常语言与常识问答。英语世界的美学教育注重资料分类整理，加之英语本身的交流优势，使之往往拥有更好的传播与接受广度，故而从未丧失美学主流位置。这篇文章是周宪教授近年围绕美学文献的系列研究的代表性成果，致力于在与其他语言美学，尤其是德语美学的比较中来概括18、19、20三个世纪的英语美学的总貌、发展脉络与特征，从而在整体上评估英语美学的美学史贡献，特别是观念渊源。

2021年，国务院学位委员会颁布了针对硕士、博士学位授予和培养学科专业目录的征求意见稿（原文件名为"征求意见的函"）。该函显示，"艺术"之下涵盖7个一级学科，原有的一级学科"艺术学理论"有可能被撤销，代之以包含所有门类历史及理论研究的"艺术学"。该函引发了广泛讨论。艺术学专业学生的培养方式、方向、方法，或将随之发生改变。笔者以为，学科体制的变化或许会从外部施加影响，但究其根本，问题应从内部获得思考：艺术学里的理论研究应该是怎样的面貌，承担怎样的任务？无论如何作答，"文献"都是学科大厦里无法移除的基石。文献功夫归属于文章之道，文献学则关系到学科根基。如前所述，我国人文学科的文献系统性与规范性远不及西方，亟待加强建设。就此而言，当代科研评价标准中最不受重视的编译工作恰恰贡献最大，用周宪的话说，那是在积累学科的"家底"。

近年来，周宪教授在不同场合多次重申：系统、丰富的"标准文献"，是任何一门人文学科成熟的必要条件。2021年5月，在艺术哲学与艺术史研究中心举办的一期"文心讲坛"上，周教授作为主讲人，详尽剖解并示范了美学与艺术理论中的文献学范围与方法。他也曾数次撰文，系统地探析艺术学理论学科的文献学基础。在他看来，学科的文献资源建设主要包括如下层面：目录学的整理、经典文献汇编、专题读本的编撰、相关工具书的书写。他主持过数种美学与艺术理论经典文献的汇编，诸如丛书《艺术理论基本文献》（2014年初版，2022年再版，共4卷），译丛《西方艺术史论经典》（2017年开始出版，已面世6部）等。这些经典汇编慷慨地充实着艺术理论研究者所赖以言说的学术地形图，令我等后辈学者长久受惠。

作者序

周 宪

承《文艺研究》杂志副主编张颖女士美意,将我近些年发表在该刊上的四篇论文合集成册,由文化艺术出版社刊行。作为作者,我深感荣幸,忍不住为这个精彩的学术创意点赞!

1979年钱锺书先生《旧文四篇》由上海古籍出版社刊行,1981年香港广角镜出版社刊行他的《也是集》,收录三篇论文。由于两本书坊间并不好找,钱先生遂将两书合二为一,名为《七缀集》,七篇论文不足两百页,1985年由上海古籍出版社出版。这种诸篇什合一集的做法，在今天书越写越厚的时尚支配下，似已难寻踪迹。文化艺术出版社掌门人杨斌提议，《文艺研究》杂志社同人谋划了这套《文艺研究小丛书》，或许是赓续了学术出版中的这种"看不见的传统"。其实，我自己也做过几年南京大学出版社社长，对学术出版的境况还是略知一二的，鸿篇巨制已见惯不惊，反倒是精致的小书更显独特价值！

当前的出版也可说是蔚为大观，出版物的品种、数量和规模都以惊人的速度不断攀升，学术著述亦复如此。虽然不少睿智的人文学者提倡"快时代"需要慢下来，但社会和文化的加速度并未改变，加之智能手机等装置重构了人们的阅读习惯，因此静下心来细品慢读一本书的机会其实并不多，即使是我这样以学术为志业的人文学者。这套小丛书的创意价值在"快时代"文化中得以彰显，更适合有限时间读有限文本的需求。几篇论文单独成书，其主题或问题也许并不一致，不但是一个学者自己和自己的对话，也有助于形成作者与读者之间并不冗长的深度交流。

此外，今天还是处在一个知识爆炸的时代，各种新学取代旧知的速度远胜于以前。马克思百多年前的判断——"一切新形成的关系等不到固定下来就陈旧了",也非常适合于说明当下的学术生产和出版。这套小丛书似有一个定位,那就是提供一个回望学术路程的机会。它颇有新意的一点在于,由杂志社的编辑来遴选作者及其论文,并不是作者自己结集文字。这一创举的意义耐人寻味,于编者而言,选文是自己编辑过的文章,其间自有甘苦,并与杂志的学术进展过程密切相关,一些看似"陈旧"的往事却蕴含了许多当时的学术判断和考量,回过头去看一定会感悟良多;于作者而言,为啥选了这几篇文章而没有选其他篇什,编者与作者的理解与判断或有些许差异,这差异给作者一个借编者之"慧眼"反观自己学术研究的良机,亦使他忆起当初自己写作思考的心路历程。

今天的另一个问题是,学术已从兴趣变为职业,高度科层化和体制化的学术机制,正在把学者变成追求数量的"工匠"。书一本接一本出,且一本比一本更厚;单本书已不足以引起学界关注,多卷本大部头的书系才是追求目标。在以数量化考评的制度设计中,多意味着好,这委实是一个贻害无穷的误识。以我之见,一些精彩的创见往往不在那些厚如砖的巨著里,反倒是一两篇精彩论文会凝聚更多洞见和灵感。这么来看,这套小丛书似有另一潜在的立意,即拒斥"注水式"的码字,提倡精辟凝练的论文书写。

说了这么多点赞这套小丛书的话，也该打住了。作为《文艺研究》最早的作者之一，我和这个杂志有着非同一般的缘分。记得我发表在该刊物上的最早的一篇论文是在1982年，40年来陆续在上面刊载过不少论文。不消说，我的学术成长是受惠于这个在汉语学界独一无二的学术刊物的，作为该刊的作者，我还与几代编辑同人建立了深厚的学术友谊。

本书由张颖女士遴选的四篇论文构成，两篇是讨论美学问题，另外两篇是讨论艺术理论问题。美学和艺术理论是笔者多年耕耘的专业领域，至于论文写得如何，留待读者去评说。

是为序。

目录

001 艺术史与艺术理论的紧张

028 审美论回归之路

071 艺术跨媒介性与艺术统一性

——艺术理论学科知识建构的方法论

107 英语美学的历史谱系

艺术史与艺术理论的紧张

在艺术学科或艺术研究中,艺术史、艺术理论和艺术批评是人们谈论得最多的三大领域,也是作为学术建制相对成熟的三大知识系统。沿用韦勒克关于文学史、文学理论和文学批评的界说,可以从两个方面来区分三者。首先是共时和历时的区分。艺术理论和艺术批评是共时性研究,而艺术史则是对编年顺序的历史序列的研究。其次,虽然三者都关注艺术作品,却有研究重心的不同,艺术史和艺术批评关注于具体艺术品的分析，而艺术理论则是更为抽象的原理、标准和方法的考量。[1]

知识社会学的研究表明，任何一个知识系统一经确立并渐臻成熟，就会形成自己的学术传统和研究取向，一定程度上就会强化自身的合理性和系统性。以科学哲学关于知识范式和学科共同体的理论来看，每门知识系统都有自己的研究范式和学术（者）共同体，两者互为条件相互作用。虽说艺术史、艺术理论和艺术批评都属于艺术学科，但三者就像一家三兄弟分灶过日子一样，各有各的事业和活法儿。艺术史面对过往的历史发展进程及其艺术的承传递变关系，着力于风格的历史阐述和艺术作品的实证分析；艺术理论则以艺术

---

[1] 韦勒克写道："在文学'本体'的研究范围内，对文学理论、文学批评和文学史三者加以区别，显然是最重要的。首先，文学是一个与时代同时出现的秩序，这个观点与那种认为文学基本上是一系列依年代次序而排列的作品，是历史进程上不可分割的一部分的观点，是有所区别的。其次，关于文学的原理与判断标准的研究，与关于具体的文学作品的研究——不论是作个别的研究，还是作编年的系列研究——二者之间也要进一步加以区别。要把上述的两种区别弄清楚，似乎最好还是将'文学理论'看成是对文学的原理、文学的范畴和判断标准等类问题的研究，并且将研究具体的文学艺术作品看成'文学批评'（其批评方法基本上是静态的）或看成'文学史'。"（[美]雷·韦勒克、奥·沃伦：《文学理论》，刘象愚、邢培明、陈圣生、李哲明译，生活·读书·新知三联书店1984年版，第31页）

的基本概念、原理、评价标准和方法论等问题的探讨为主；艺术批评则是针对当代艺术创作及其作品所做的品评，着眼于当下的艺术状况。三个知识领域各司其职，彼此相互关联却又相对独立。

从艺术史的历史发展来看，它与艺术理论一直有一种剪不断理还乱的关系，这种关系始终存在着争议。从晚近艺术研究的发展趋势来看，艺术史与艺术理论相互融合的趋势日趋显著，这就提出了一个棘手的问题：艺术史与艺术理论已有或应有何种关系？或者更具体地问：艺术理论对艺术史究竟有何贡献？本文通过对艺术史的两次理论"入侵"，来深入分析艺术理论与艺术史的融合、抵牾和紧张等多重关系，进而揭橥艺术研究的某些值得关注的发展趋向。

一、高等教育中的艺术史论汇通

作为一个学科建制，艺术史的源头可以追溯到文艺复兴后期的瓦萨里，中经温克尔曼，成熟于19世纪后半叶的德国。据一些艺术史学史的研究，德国是世界上最早设立大学艺术史教席的国家，第一个艺术史教席于1813年在德国哥廷根大学设立，40年代，德国最早开设了大学艺术史课程。[1] 稍后于德国，法国最早的艺术史教授席位可以追溯到1863年，法国美术学院设立了艺术史教授席位。[2] 依照艺术史发展的这些时间节点，可以说，这门学科作为一个独立的建制出现于19世纪上半叶，成熟于19世纪的下半叶。时至今日，作为一门相当成熟的历史学科，艺术史在大学高等教育体制内仍是艺术学科最稳定、最基本的学科。在西方，综合性的研究型大学多设有艺术史系，它与其他人文学科和社会科学形成很好的互动关系，又与博物馆（美术馆）关系密切[3]，是大学建制中艺术史研究的中坚力量，而专业性的艺术院校内虽设有艺术史专业，但无论规模还是研究均远不及综合性大学艺术史系科。在中国，情况则完全不同，艺术史学科基本上都设在专业性的艺术院校里，比较多的是具体门类艺术史研究（诸如美术史、音乐史、

---

[1] Donald Preziosi, "Art History: Making the Visible Legible", in Donald Preziosi (ed.), *The Art of Art History*, Oxford: Oxford University Press, 1998, p. 13.

[2] Philip Hotchkiss Walsh, "Viollet-Le-Duc and Taine at the Ecole des Beaux-Arts", in Elizabeth Mansfield (ed.), *Art History and Its Institutions*, London: Routledge, 2002, pp. 85-99.

[3] Rudolf Wittkower, "The Significance of the University Museum in the Second Half of the Twentieth Century", *Art Journal*, Vol. 27, No. 2, 1967-1968, pp. 176-179.

戏剧史或电影史等），而综合性的研究型大学普遍没有艺术史系科设置，我以为这是中国高等教育体制中艺术学学科设置的一个明显局限。在2011年公布的学科目录中，艺术史也未见立户之名，反倒是"艺术学理论"赫然在列。从学科的关系来看，艺术史只是艺术学理论门下的一个分支学科而已。

从艺术史学科的发展和现状来看，大约可以分出两种类型：一种类型是偏重艺术史实或文献考据的经验研究，比较少或比较拒斥艺术理论；另一种类型则是虽以艺术史的经验研究为主，却非常关注艺术理论，努力把艺术理论融入艺术史的经验研究之中。后一种类型的艺术史很值得关注，它是晚近艺术史学科发展的一个重要动向。如果我们对国际高等教育的发展趋势稍加关注，就会发现艺术理论在艺术史教学和研究中扮演了越来越重要的角色，甚至可以毫不夸张地说，艺术理论（或理论）在重新定位艺术史学科、建构艺术史的系科等方面发挥了重要作用。这里不妨举几个例子。英国埃塞克斯大学设立了"艺术史与艺术理论系"，从名称上直接将两个分支学科合二为一，既相互借势来发展，又有融合为一的势头。美国加州大学圣地亚哥分校开设了"艺术史／艺术理论／艺术批评"本科专业。该专业强调把艺术的历史研究与批判性的理论研究结合起来，由此激发学生意识到塑造他们智性面貌的文化传统，并为当代社会在意义及其表现等重要问题上的判断提供某种参照系。这一专业的课程分为三个模块。基础课，包括艺术史导论、现代艺术的形成、艺术史的信息技术等。高级课程，有两组课程：第一组是必修课，包括艺术结构、艺术史方法两门课；第二组又分为六个课程群，前五个都是西方和非西方从史前到当代的断代艺术史或区域艺术史，第六个则是艺术理论，包括20世纪批评、叙述结构、再现论、民族美学问题、美国的理论思考、80年代以来的视觉理论和视觉、西方和非西方的仪式与节庆、艺术理论与批评专题等。[1]加州大学圣地亚哥分校的这一创新之举表明，在艺术史教学和研究中，艺术理论的比重会越来越大，其重要性一方面体现在艺术理论课已成为艺术史教学不可或缺的一部分；另一方面，即使在各门艺术史课程中，艺术理论也深入其中，扮演了基础学科的重要角色。

不但传统的艺术史学科在召唤艺术理论，即使是更加专门性和更具实践性的电影、媒体和设计等学科，也同样呈现这一趋势。比如，美国纽约的帕森斯设计学院，就组建了一个艺术

---

[1] http://visarts.ucsd.edu/art-historytheorycriticism-major.

与设计史论学院，该学院提供广泛的课程和多元的训练，以期使学生成为未来的艺术界与设计界的领军人才。从这一人才培养的理念可以看出，如果没有理论的训练和介入，仅有艺术技能和史学知识，要成为可以指点江山的艺术界和设计界的领军人物是不可能的。

晚近，随着艺术学作为独立的学科门类在中国高等教育体制中的正名，艺术史论相互作用和融通现象也日趋明显。就中国的艺术学研究现状而言，从事艺术理论的研究者不仅出自各门艺术内部，而且包含来自美学、哲学、社会学和文学研究的诸多领域的学者。从学科建制角度说，"艺术学理论"一级学科的设立，为整个艺术学研究的发展提供了坚实的基础。从人才培养和科学研究的角度看，一方面各类艺术理论课程成为艺术学科的核心课，为各种研究型或实践型的教学提供基本的理论思维训练；另一方面，艺术理论的教学和研究也促进了各类艺术的创作实践和能力提升。当代艺术概念或观念显得尤为重要，艺术史和艺术理论两方面的修养融合，为艺术创新提供了坚实的基础和丰厚的资源。

二、艺术史的两次理论"入侵"

艺术史作为一门独立的学科，经过一个多世纪的发展，今天已相当成熟。也许正是因为艺术史的独立性和学科范式的独特性，所以它与艺术理论或其他理论的关系显得异常复杂。一百多年来，艺术史的领地常常受到理论"入侵"，它在不断接纳，也在强力拒斥形形色色的理论。我认为，从一个多世纪的艺术史发展历程来看，有两次理论"入侵"最为明显，它们深刻地改变了艺术史的形貌。

回到艺术史的发轫期，从瓦萨里到温克尔曼再到黑格尔，三个阶段蕴含了一个理论旋律渐强的历史进程。关于谁是"艺术史之父"，历来有不同说法，瓦萨里、温克尔曼和黑格尔均被称为艺术史的奠基人。作为艺术史的开山之作，瓦萨里的《大画家、雕塑家和建筑家传》相对来说还比较粗略，偏重于史料记叙和人物的传记；到了温克尔曼的《古代艺术史》，启蒙时期的哲学和现代性的怀旧情结非常显著，他在引入当时的种种理论的同时把希腊艺术给理想化了；到黑格尔，艺术实现了一次理论的华丽转身，他建构了一个博大的现代性的精神现象学，在这个系统的逻辑框架里，艺术史是美学（艺术哲学）

的一部分，并被纳入了绝对理念发展逻辑的和历史的构架之中，象征型—古典型—浪漫型的艺术史三段式，呈现艺术本身作为绝对理念演变载体的历史嬗变。黑格尔以降，艺术史研究出现了"鉴赏学派"，以鲁默尔、莫莱利和贝伦森为代表，这一学派强调艺术史实的特定性（谁是作者、创作于何处、艺术品的细节等），转向更加经验化的实证研究，所以理论在这一转向中被不经意地边缘化了。从源头上看，自瓦萨里以来就一直存在着两种不同的艺术史范式：一种是以理论建构见长的艺术史，如黑格尔的艺术史范式；另一种则是关注史实经验材料的实证性研究的艺术史，如鉴赏学派的艺术史范式。

一般说来，艺术史发展的关键期是19世纪后期，此时在德国、奥地利和瑞士等德语国家，涌现了一大批艺术史的重要人物，他们为这一学科的创建做了大量开拓性的工作。从德国的瓦尔堡学派到奥地利的维也纳学派，从形式主义到图像学再到社会史，这批以德语为母语的艺术史家，大都有一个突出共性特征，那就是非常重视艺术史的理论建构和哲学基础。或者说，世纪之交的这批艺术史家大多兼具史家和理论家双重角色。我把这一时期的艺术史建构视作艺术理论的第一次"入侵"，正是这一时期德语国家艺术史的理论建设，为后来艺术史的扩张和完善奠定了坚实的基础。这次理论"入侵"有几个值得注意的特征。首先，艺术史极力撇清和美学的关联，努力从艺术理论汲取养料。比如20世纪20年代，德国艺术史家温德就努力区分艺术理论和美学的差异，并强调艺术史（也包括艺术批评）并不是建立在美学基础之上的，而是建立在艺术理论的基础之上。他的一个基本判断是，美学是一门规范性的学科，而艺术理论则是一门描述性的学科；前者会说艺术家应这样或那样，而后者却是在关注艺术家及其创造的状态和条件。所以，艺术史与美学距离甚远，但需要艺术理论的后援。[1] 其次，所谓的艺术理论实际上也是一个边界开放的知识领域，其特点并不是美学式的哲学抽象分析，也不是审美主体的趣味或审美经验的解析，而是对艺术品的风格考察。如同维也纳学派的开山鼻祖里格尔所言，真正的艺术研究者是没有什么审美趣味的，他只关心艺术品如何。最后，艺术史的很多基础性概念都源自艺术理论，所以艺术理论成为艺术史的支撑学科或基础知识系统。关于这个关系，图像学派的中坚人物潘诺夫斯基表

---

1 Edgar Wind, "Theory of Art Versus Aesthetics", *The Philosophical Review*, Vol. 34, No. 4, 1925, p. 358.

述得最清晰，在其《论艺术史与艺术理论的关系：走向艺术科学概念体系》一文中，他认为艺术研究涉及三个重要的概念：艺术史、艺术理论和艺术科学。艺术科学（即艺术学）包含艺术史和艺术理论。艺术史是一种"物的科学"，属于特定的历史—经验研究，它所处理的是具体的艺术现象。但艺术史研究需要必不可少的解释工具，那就是系统性的专门概念，最常见的是所谓的"风格"概念，诸如古典风格、哥特式风格或巴洛克风格等。潘诺夫斯基坚信艺术史的专门概念源自一些基础性概念，这些概念正是艺术理论的专长。基础性概念的重要性有三："其一，它们具有先验效力，对于理解艺术现象来说既适用又不可或缺；其二，它们不涉及非显性对象，而是涉及显性对象；其三，它们将其所下属的专门概念构成某种系统的关联。"[1] 在我看来，第一方面强调了基础性概念自上而下的抽象性，第二方面说的是其解释对象，第三方面讲的是它与专门概念的结构性关系。所以艺术理论的基础性概念对艺术史的研究具有方法论意义。他特别强调两个方面：其一是艺术史有赖

---

[1] Erwin Panofsky, "On the Relationship of Art History and Art Theory: Towards the Possibility of a Fundamental System of Concepts for a Science of Art", *Critical Inquiry*, Vol. 35, No. 1, 2008, p. 54.

于艺术理论的支援，离开艺术理论艺术史将不复存在；其二是艺术理论的概念体系的建构所涉及的是整个艺术学科中最基础性的工作，尽管有些基础性的问题并不一定对应于具体的艺术史史实，但是，这样的理论研究仍具有自身的重要性。潘诺夫斯基对艺术史和艺术理论关系的界定，颇有些像社会学大师韦伯的"理想类型"。这一时期的德语艺术史研究，几乎都带有鲜明的理论和逻辑特色，都着迷于艺术史基础性概念的二元结构，更带有理论思辨的抽象色彩，这恐怕是受德国思辨哲学传统的影响，比如瓦尔堡学派和图像学与卡西尔的文化哲学就关系密切。德国艺术史的一个特点是二元基础性概念的建构。潘诺夫斯基从艺术史所面对的基本问题——"艺术意志"——出发，建构了一个以"体"与"形"二元基础性概念为核心的系统，又分别延伸至视觉对触觉、深度对表面、整合对分立、时间对空间这另外四组概念，由此构成了他用以解释艺术史现象的概念系统。不但潘诺夫斯基热衷于二元基础性概念的路径，其他许多德语国家的艺术史家亦复如此，从里格尔的"触觉的"对"视觉的"二元概念，到沃尔夫林"线描的"对"图绘的"二元概念，都明显地呈现德语艺术史的理论概念建构特点[1]，以至于后来贡布里希将这类方法称为"艺术批评的两极法"[2]。关于艺术史和艺术理论的关系，潘诺夫斯基得出了三个重要结论：第一，由艺术理论发展出基础概念系统，在这一系统之下又发展出专门概念系统。各种艺术问题最终都可由一个独特的根本性问题推导而出。这显然是一种思辨哲学的传统。第二，艺术史是借助于暗示性或演示性概念描述艺术作品的感性特质，但必须以各种艺术问题为指向，只有艺术理论而非艺术史，方能理解这些艺术问题，并从这些问题中提炼种种艺术概念。第三，作为一门阐释性学科，艺术史以理解"艺术意志"为目标。经验研究与艺术理论统一方能构成艺术科学，旨在明确、系统地揭示艺术作品的感性特质与各种艺术问题之间的内在联系。[3]这里，我们再一次看到了艺术理论在艺术科学中的核心地位。我把这一阶段的艺术史建构看作是艺术理论的第一次"入侵"。

---

1 参见[瑞士] H. 沃尔夫林《艺术风格学》，潘耀昌译，杨思梁校，辽宁人民出版社1987年版。
2 参见贡布里希《规范与形式》，载范景中编选《艺术与人文科学：贡布里希文选》，浙江摄影出版社1989年版。
3 Erwin Panofsky, "On the Relationship of Art History and Art Theory: Towards the Possibility of a Fundamental System of Concepts for a Science of Art", *Critical Inquiry*, Vol. 35, No. 1, 2008, p. 67.

虽然关于艺术史与艺术理论的关系仍存有不同看法，但有一点似乎是可以肯定的，那就是为艺术史研究奠定基础或具有深刻影响的艺术史家，不是具有深厚的理论修养，就是同时扮演了艺术理论家的角色。晚近出版的一本名为《塑形艺术史的著述》的书，列举了十六位艺术史家及其著述，其中很多人都是造诣精深的艺术理论家，诸如沃尔夫林、潘诺夫斯基、弗莱、佩夫斯纳、肯尼斯·克拉克、贡布里希、格林伯格、巴克桑多尔、T. J. 克拉克、克劳斯、贝尔廷等，他们都是身兼艺术史家和艺术理论家二职的著名学者。[1]

然而，在人文学科领域，艺术史作为一个传统学科，较之于文学理论、文学史等学科，往往显得过于保守和传统，只有艺术理论的后援并未使艺术史有脱胎换骨的发展，这引起了艺术史界的愤懑和沮丧，布莱森的说法很有代表性，他写道：

这是一个可悲的事实：艺术史的发展总落后其他的人文学科研究……当过去的三十年，文学、历史、人类学等

---

[1] Richard Shone and John-Paul Stonard(eds.), *The Books That Shaped Art History*, London: Thames & Hudson, 2013.

研究都相继做出了重大变革,艺术史学科依然停滞不前毫无进展……逐渐退到人文学科的边缘地带……唯有彻底检讨艺术史的研究方法(那些操控着艺术史家标准的活动、未被言明的假设),情况才会有所改善。[1]

这种情况自 20 世纪 60 年代后期以来有了很大改观,出现了另一次理论"入侵",这次"入侵"在相当程度上重塑了艺术史。这里我用"理论"而不是"艺术理论",意指一些全然不同于艺术理论的新理论进入了艺术史,特别是 1968 年法国"五月风暴"之后,解构主义思潮的兴起,极大地改变了传统的艺术理论,这也就是布莱森所言之要旨所在。一大批法国理论家或哲学家的新思想和新观念,为人文学科提供了诸多全新的思想武器,这一思潮通常称为"法国理论"或"理论"。于是,理论取代了艺术理论,传统的鉴赏学派或经验研究已经不再占据主导地位,保守的理论逐渐被更加激进的理论所取代。一本名为《为艺术史的理论》的著作全面讨论了对当代艺

---

[1] 转引自 Pam Meecham 和 Julie Sheldon《最新现代艺术批判》,王秀满译,台湾韦伯文化国际出版有限公司 2006 年版,第 xxii 页。

术史产生重要影响的理论家，他们中既有哲学家和美学家，如海德格尔、阿多诺、阿甘本、巴丢、德勒兹等，也有社会学家或历史学家，如布尔迪厄、福柯等，还有不少文学理论家，如巴特、德里达、克里斯蒂娃、萨义德等。[1]他们的思想和著述构成了影响艺术史风向的种种"理论"。正如一些学者所指出的那样，艺术史原本是一个保守的领域，对外部世界的变化和理论风潮反应迟钝。但在20世纪60年代末特别是70年代以后，文学研究尤其是语言学方法对艺术史产生了深刻的影响，文本理论和符号理论进入了艺术史研究。艺术史不再围绕着图像及其风格形式的分析，而是充满了文化政治，文学理论、社会学和文化研究的概念——种族、性别、符号学、精神分析等，意向、再现、意识形态等，艺术史研究的重心从风格、形式、图像学等，转向了越来越鲜明的文化政治问题或意识形态问题，这就彻底改变了艺术史的地形图。传统的用诗一般的语言来描述艺术品，注重美和趣味，越来越被视作精英主义的残余，是欧洲白人资产阶级男性异性恋的鉴赏力表现。艺术史不再是个人趣味或创造性的历史，各种学派和理论纷纷涌来，各

---

[1] Jae Emerling, *Theory for Art History*, London: Routledge, 2005.

式各样的解读方法出现了。潘诺夫斯基所说的从"物的科学"转向"阐释的科学"的倾向，在理论"入侵"过程中体现得更加显著，不过这些新的阐释完全超越了潘诺夫斯基的图像学。

至此，我们看到了两种不同理论所建构的不同艺术史范式。用艺术史家普罗恩的话来说，就是"the history of art"和"art history"的区别。前者是传统的艺术史研究，其主旨在于艺术，诸如因果构型或影响关系，包括决定艺术发展的风格的、图像志的或技术的因果关系类型，探求作者、编年、民族或个体风格和真实性问题，这些被视作艺术史这一尚属年轻的学科的重要工作。如果说前者是把艺术当作目的，那么，后者则既把艺术当作目的，又当作手段，因此它的焦点不是艺术而是历史，尤其是社会史和文化史，以期产生对个体和社会以及艺术品更加深刻的理解和解释。[1]

20世纪80年代以降，艺术史的方法论变成了热点问题，此时艺术史研究对方法论的考量已越出半个多世纪前瓦尔堡学派或维也纳学派的边界，进入了更加多元化和更具文化政治意

---

[1] Jules David Prown, "Art History vs. The History of Art", *Art Journal*, Vol. 44, No. 4, 1984, pp. 313-314.

义的跨学科领域，越来越多新理论及其理论家进入了艺术史领地。此时，艺术史与艺术理论或相关理论的联系已经异常紧密，与其说艺术史是一种纯粹的学术研究或知识生产，不如说已经成为一个各种政治力量或意识形态争夺文化领导权的战场，成为不同群体或阶层争取文化表征权利和话语表意实践的领域。理论彻底重绘了艺术史的地形图，艺术史家的研究主题和方法也越出了半个多世纪前艺术理论曾经规定的那些边界，"the history of art"变成了"art history"。

三、艺术研究中的史论张力

尽管艺术理论或理论两次"入侵"艺术史，并对艺术史产生了深刻影响，但是，艺术史论之间始终存在着错综复杂的关系。一方面，两次"入侵"表明了艺术史对艺术理论或理论的依赖性；另一方面，入侵本身也造成了来自艺术史内部或明或暗的抵制和反对。具体说来，艺术史的发展存在着双重矛盾，一是作为经验学科或"物的科学"的艺术史，与任何理论之间都存有某种抵牾不和，二是艺术理论与理论所建构的不同艺术史范式之间的冲突。

我们先来看前一方面。

关于艺术史究竟以什么为研究对象,历来存在着不同的看法。但是,无论争议有多大或观点多么不同,有一点似乎是共识,那就是艺术史是以艺术品为中心。进一步,在如何对待艺术品问题上意见却大相径庭,不同的艺术史范式有不同的重心。当艺术史的重心放在作品的真伪、作家生平考证、相关文献甄别、材料或技术的分析等方面时,艺术史显然会对种种艺术理论加以排斥。其实,在德国艺术史发展历程中,就存在着两种艺术史取向,一种以人类学为导向[1],另一种以精神史(Geistesgeschichte)为导向。[2] 在我看来,这两种艺术史范式本身就有所不同,甚至彼此抵牾。前者更趋向于实证的、经验的研究,而后者则趋向于理论的、抽象的思考。就像美学在19世纪出现了自下而上的科学美学和自上而下的思辨美学对立一样。如前所述,潘诺夫斯基当年在讨论艺术理论与艺术史的关系时,特别指出艺术史在艺术理论"入侵"之前,完全是

---

1 Michael F. Zimmermann, "Art as Anthropology: French and German Traditions", in *The Art Historians: National Traditions and Institutional Practices*, Williamstown: Sterling and Francine Clark Art Institute, 2003.

2 W. Eugene Kleinbauer, "Geistesgeschichte and Art History", *Art Journal*, Vol. 30, No. 2, 1970-1971.

一门"物的科学"（Dingwissenschaft/science of thing）。因为其研究缺乏艺术理论所提供的基础概念和基本问题，而一些实践型的艺术史家并不关注艺术理论所确立的基本问题和具体问题，他们甚至否认这些问题的存在，因为他们只关心物的存在及其经验性问题。在潘诺夫斯基看来，艺术史应该是一门"阐释性学科"，而不是一门纯粹的"物的科学"。[1]从潘诺夫斯基的这一说法中，我们可以清晰地看到艺术史的两种范式，"物的科学"与"阐释性学科"，两者泾渭分明。就艺术史的发展而言，今天，我们已经不再听到对艺术史作为一门阐释性学科的反对意见了，因为艺术理论对艺术史的成功"入侵"，的确从根本上重塑了艺术史。当我们回首艺术史时，那些伟大的艺术史家和代表性的艺术史著述，都是艺术史与艺术理论相融合的产物。

如果说艺术理论对艺术史的重塑比较成功的话，那么，理论对艺术史的改造则是歧见迭出。如果说艺术理论是以艺术为研究对象而重塑艺术史的话，那么，理论对艺术史的再造则

---

[1] Erwin Panofsky, "On the Relationship of Art History and Art Theory: Towards the Possibility of a Fundamental System of Concepts for a Science of Art", *Critical Inquiry*, Vol. 35, No. 1, 2008, p. 63.

以历史为指向，这就是"the history of art"和"art history"的区别所在。如果说前者的关键词是"艺术意志"（里格尔）的话，那么，后者的核心概念则是"文化政治"。因为20世纪60年代以降，西方社会和文化出现了激变，帝国主义的衰落和新兴民族国家的建立，民权运动的高涨，移民和人口分布的变化，人们越来越多地关注工人阶级、非白人移民、性别问题，这些变化催促艺术史家们重新思考艺术史的问题。传统艺术理论所假定的风格、趣味和艺术价值，究竟是普适的还是某些群体或阶级所特有的？在一种意识形态批判的对抗话语建构中，越来越多的艺术史家发现，艺术理论所主张的趣味和价值说穿了不过是"垂死的欧洲中产阶级异性恋白人男性"的趣味和价值，但他们把这一趣味和价值说成是全社会和全人类的共享特征。如同马克思在解释意识形态时一针见血指出的那样："每一个企图代替旧统治阶级的地位的新阶级，为了达到自己的目的就不得不把自己的利益说成是社会全体成员的共同利益，抽象地讲，就是赋予自己的思想以普遍性的形式，把它们描绘成唯一合理的、有普遍意义的思想。"[1] 随着越来越多劳动

---

1 《马克思恩格斯选集》第一卷，人民出版社1972年版，第53页。

阶级和少数族裔出身的艺术史学者进入艺术史，这个以往被中产阶级所把持的知识领地，出现了对趣味、价值、经典和艺术本身的质疑，隐含在这些质疑后面的是某种强烈的文化政治冲动，是对文化领导权的争夺，是对文化民主和公平的诉求。艺术史在这样的理论"入侵"中，变得更加具有跨学科性，与来自不同领域的各种理论遭遇和碰撞，形成了艺术史方法论的激进变革。由此带来对艺术史上许多老问题的全新阐释。比如有人对1900年的巴黎万国博览会重新解释，提出如下疑问：为什么法国的两个主要殖民地阿尔及利亚宫和突尼斯宫，被安排在塞纳河右岸的特罗卡德罗宫和左岸的埃菲尔铁塔之间？原来这样的布局构成是因为从北边的塔顶看向对岸的特罗卡德罗，殖民地建筑被环抱在特罗卡德罗"新伊斯兰"风格立面的两臂中，由此隐喻了殖民地在法兰西文化的给养和保护之臂中占了一席之地，法兰西身份似乎吸纳、支撑着这些族群及其展示在这些殖民大厦里的产品。[1] 更进一步，博物馆或美术馆并不是天然的展示场所，而是文化记忆的场所，它们确立了艺术史的

---

[1] Donald Preziosi, "The Art of Art History", in Donald Preziosi (ed.), *The Art of Art History*, Oxford: Oxford University Press, 1998, pp. 519-520.

结构，其中暗含了一个观念，即启蒙规划已把西方的艺术建构成一个世界性的标准，人们会有意识或无意识地以此来考量不同时代和不同文化的艺术。"对每个民族、每个地方来说，是它自己的真正的艺术；但对每个真正的艺术来说，都有其朝向欧洲现代性和当下性的进化阶梯上的恰当位置。欧洲不仅是艺术品的收藏者，也是具有组织功能的收藏原则：不但是博物馆里展示的物品，也包括博物馆里的玻璃展示柜本身。"[1]

也许，我们可以用不同概念来描述两次理论"入侵"所造成的艺术史的内在冲突。从艺术理论到理论，从自在自为的"艺术意志"，到深受社会历史语境制约的"文化政治"，其间的变化乃是艺术史范式从审美理性主义向政治实用主义的转型。审美理性主义的范式凸显艺术史考察的风格和形式的视角，关注艺术历史演变的内在逻辑，这一倾向突出地反映在瓦尔堡学派和维也纳学派的理论取向中，尤以里格尔"艺术意志"概念为核心。艺术理论对艺术史的这一现代性建构，是与美学、文学理论或文化理论的现代性取向完全一致的，所以称

---

[1] Donald Preziosi, "The Art of Art History", in Donald Preziosi (ed.), *The Art of Art History*, Oxford: Oxford University Press, 1998, p. 523.

之为"审美理性主义"。政治实用主义则体现了理论的"对抗话语"特性，是对艺术史的某种后现代性的文化建构，其突出特征是不再把艺术的历史看作是一个艺术风格或审美趣味发展的独立系统，而是将艺术史视为更为广阔的文明史或社会史或文化史的一部分，其中充满了意识形态批判或话语形成（福柯）的政治分析。从后一种观点来看，现代性所设想的艺术的纯粹性和自主性完全是某种虚空的幻想，因此艺术史研究只有转向文化政治的解析才能找到正确的答案。于是，在这一转向的背景下，艺术史家们淡忘了艺术的风格和形式问题，转向对艺术史的文化政治意义的解读，身份、性别、社会、种族、阶级、属下、压迫、平等、文化领导权等概念充斥于艺术的历史分析之中。艺术史从精英主义地品鉴艺术品及其风格的场所，转变为一个硝烟弥漫的文化战斗场所。用社会学家布尔迪厄的话来说，艺术史这个知识场域和权力场域错综纠结，知识的生产说到底乃是一种象征资本的争夺。

结　语

从审美理性主义到政治实用主义，艺术史的研究范式经历了巨大的转型，理论的作用得到进一步的加强。这一转型极大地改变了艺术史的研究对象和方法。

艺术史家普莱奇奥西认为，艺术史的"研究对象亦即艺术作品，尤其是它们所能传达、象征、表现或揭示的关于其创作者或来源之真相的程度，无论是一个人或是整个文化或民族"[1]。如何去阐释却言人人殊。如今，艺术史方法的多元化使得不同学科与艺术史的联姻有了很大进步。哲学、美学、社会学、人类学、精神分析、心理学、符号学、文化研究、视觉文化等，这些来自艺术史以外的各种理论都渗透进艺术史领域，在丰富艺术史研究方法的同时，也极大地改变了艺术史方法论。也许我们可以把半个世纪以来的艺术史研究，描述为一个各种武器的试验场。如艺术史家克莱因鲍尔所言，20世纪的艺术史呈现日益多元化的趋向，"艺术史家在其视觉艺术的智性研究中会采用任何一种或几种方法：材料与技术；作者问题，真伪甄别，时间确定，来源；结构的和象征的元素；功能；图像学和图像志；艺术家传记和档案文献；心理学，精神

---

[1] Donald Preziosi, "Art as History," in Donald Preziosi (ed.), *The Art of Art History*, Oxford: Oxford University Press, 1998, p. 21.

分析和现象学；社会的、宗教的、文化的和思想的决定因素；马克思主义等"[1]。

但是，审美理性主义和政治实用主义的紧张并没有缓解。晚近艺术史研究"回归艺术"的倾向，与美学和文学理论的"审美回归"一致，提出了重新定位艺术史研究的难题。这使我们想起了近一个世纪前俄国形式主义代表人物雅各布森的说法，他认为社会历史或心理的文学研究都是无关文学的研究，就像警察本该抓住窃贼，却抓了一大帮与盗窃无关的嫌疑人，真正的窃贼却逍遥法外。这个说法提醒我们，艺术史与艺术理论或理论的关系至今尚未理顺，审美理性主义和政治实用主义能否兼容和整合还是一个悬而未决的问题。尽管艺术史的方法论日益多元化，趣味和价值日趋多元化，但相对主义和反本质主义的潜在危险不可小觑。詹森及其门人在颇有影响的《詹森艺术史》中写道："在现代世界，艺术史家同艺术家一样，也为各种各样的美学理论所影响，这些理论在根本上反映着当下在社会与文化发展方向上的指归。随着我们世界的日益变幻和

---

[1] W. Eugene Kleinbauer, "Geistesgeschichte and Art History", *Art Journal*, Vol. 30, No. 2, 1970-1971.

支离破碎，关于真、善、美的美学理论也开始强调美学概念的相对性，而不再把它们视为一成不变的永恒。现在许多艺术史家都主张，只要有理可循，一件艺术品可以同时相容于几种关于美的解读或其他美学概念，尽管它们之间经常互相抵触。"[1] 这一说法委实是对当下艺术史研究和理论紧张关系的真实描述，门派不同且功法各异，于是，各说各话已成为相当一段时期艺术史的现状。

（原刊《文艺研究》2014年第5期）

---

[1] ［美］H.W.詹森著，戴维斯等修订《詹森艺术史》，艺术史组合翻译实验小组译，世界图书公司北京公司2013年版，导论第29—30页。

审美论回归之路

中国有句老话,叫作"三十年河东,三十年河西"。此话是说风水轮流转,时尚递变。三十年前人们疯狂地迷恋和拥抱的新事物,三十年后便被人淡忘;反之,曾经过时的老东西如今竟会流行起来。这大约是好东西看多了也难免审美疲劳所致。其实,文学理论的发展亦复如此,河东河西的交替逻辑也时有所现。

晚近在各种理论文献中有一个使用频率不低的词汇——

"回归"。在诸多"回归"之中,"审美论回归"尤为值得注意。2011年美国学者卡勒来华演讲,他概括了西方当代文学理论中六个最新的发展趋势,其中之一被他名为"回归审美"[1]。其实,早在卡勒做出这一概括之前,这一诉求已以不同方式有所体现了。比如即使在"法国理论"[2]如日中天时,身为布拉格学派和英美新批评重要人物的韦勒克,就明确发出了抵制解构主义、重归审美主义的吁求,时间上可以追溯到1983年。[3]

那么,一个令人好奇的问题便出现在面前:为何会提出审美论回归?他们厌倦了什么理论的长期宰制?审美论回归的诉求或趋向对理解当下文学理论、艺术理论和美学理论有何启示?要搞清这个问题,得从审美论的历史说起。

一、审美论溯源

历史地看,审美论是现代性的产物。具体说来,今天意义

---

1 [美]乔纳森·卡勒:《当今文学理论》(英文),《文艺理论研究》2012年第4期。
2 "法国理论"(French Theory)是英语学界的一个说法,用以描述以后结构主义或解构主义为代表的法国理论。
3 René Wellek, "Destroying Literary Studies", *The New Criterion*, Vol. 2, No. 4, 1983, pp. 1-8.

上的审美观念及其美的艺术的观念，是启蒙运动的产物。就此而言，有三个时间节点值得特别关注。第一个节点出现在1746年，那一年法国神学家巴托明确提出了"美的艺术"的概念，他具体区分了三种艺术，即实用艺术、机械艺术和美的艺术。在他看来，美的艺术有别于前两种艺术的唯一特征，就在于它给人们提供了某种情感愉悦，没有任何其他实用功利目的，而实用艺术和机械艺术则不然。在他看来，可以称为美的艺术的只有五种：音乐、诗歌、绘画、戏剧和舞蹈。[1]第二个节点出现在1750年，德国哲学家鲍姆嘉通明确提出了建立美学学科的设想。依照他的看法，美学旨在研究人的感性经验，而最集中体现这一经验的是美的经验，而美的经验就是艺术的经验。[2]巴托针对具体艺术现象，发现了某种特殊类型的艺术，而鲍姆嘉通则着眼于哲学理论，迫切感到要建构一个专门的知识系统来研究艺术及其审美经验。两者虽然是在法德各自独立发展起来的，但是它们前后相差几年，此刻正值启蒙运动发展的高峰时期，其内在关联是显而易见的。用韦伯的宗教社会学

---

[1] Abbe Batteux, *Les beaux-arts réduits à un même principe*, Geneva: Slatkine Reprints, 1969.
[2] 参见［德］鲍姆嘉滕（通）《美学》，简明、王旭晓译，文化艺术出版社1987年版。

视角来审视，我以为正是现代性的分化导致了美的艺术和美学的出现。

按照韦伯现代性理论，现代社会的显著特征之一就是分化。宗教和世俗的分化，社会与文化的分化，导致了现代社会及其文化的建构。他特别讨论了价值领域的分化，尤其是经济、政治、审美、性爱和智识五个价值领域分道扬镳。审美作为一个特殊的领域，一方面脱离了宗教教义和兄弟伦理的制约，把艺术形式及其感性经验解放出来；另一方面，艺术及其审美也和经济、政治、科学等价值领域明确区分开来，审美有自己的价值标准和评判方式，这就是艺术和美学的自我合法化。以往统辖一切的宗教的、道德的标准不再适合于艺术，艺术确立起了自己的价值评判标准。[1]

其实，韦伯后来所描述的现代性的分化，在德国古典哲学中早已有雄心勃勃的探究，这就是第三个节点，即康德"三大批判"的面世。在巴托和鲍姆嘉通之后三四十年间，作为启蒙运动集大成者的伟大思想家，康德建构了庞大的批判哲学体

---

[1] H. H. Gerth and C. W. Mills (eds.), *From Max Weber: Essays on Sociology*, Oxford: Oxford University Press, 1946, pp. 340-343.

系，确立了认知、伦理和审美相区分的启蒙哲学，分别处理人类的认识、意志和情感问题，涉及真、善、美。关于这一点，新康德主义者文德尔班总结得很准确：

> 这里就证明了康德最新取得的心理划分模式对于他分析处理哲学问题有权威性意义。正如在心理活动中表现形式区分为思想、意志和情感，同样理性批判必然要遵循既定的分法，分别检验认识原则、伦理原则和情感原则。……据此，康德学说分为理论、实践和审美三部分，他的主要著作为纯粹理性、实践理性和判断力三个批判。[1]

进一步值得深究的是，康德在其判断力批判中，系统地确立了现代美学的基本原则，对后来西方文学理论、艺术理论和美学理论具有奠基性作用。特别是他关于美及其趣味判断的四个规定：美的无功利性、美的普遍性、美的合目的性，以及美的必然性。这四个规定既是启蒙理性原则在美学中的体现，又

---

[1] [德]文德尔班：《哲学史教程》下卷，罗达仁译，商务印书馆1993年版，第732—733页。

是对审美活动中趣味判断的基本原则的界定。可以毫不夸张地说，现代审美论无论其理论主张如何差异，都会以某种方式回到康德美学的基本观念上去。当然，康德美学也隐含着一些内在矛盾，它们预示了后康德时代美学理论发展的内在张力，预示了各种理论抵牾纷争的不同发展路向。

与理论上的自觉相比，西方现代艺术的发展更加有力地推助了审美论的崛起和成熟。历经新古典主义、浪漫主义、现实主义，到了现代主义时期，审美论便成为艺术最具引导性的观念。唯美主义强化了审美至上和艺术自主性的观念，用詹明信的话说，艺术自主性成为现代主义的意识形态。王尔德宣布了唯美主义三原则："艺术除了表现它自身之外，不表现任何东西"；"一切坏的艺术都是返归生活和自然造成的，并且是将生活和自然上升为理想的结果"；"生活模仿艺术远甚于艺术模仿生活"。[1] 基于这三条原则，"为艺术而艺术"就成为理所当然的了。从唯美主义到印象主义再到抽象主义，对审美至上性和艺术自主性的追求达到了登峰造极的地步，纯粹性便成为一切

---

1 [英] 王尔德：《谎言的衰朽》，载赵澧、徐京安主编《唯美主义》，中国人民大学出版社1988年版，第142—143页。

艺术的理想境界。纯艺术、纯诗、纯音乐、纯戏剧等一系列有关艺术纯粹性的观念成为艺术家们追求的目标。这里有一个很有趣的现象，在黑格尔美学中，历史与逻辑的统一具体化为三种艺术史类型，即象征型、古典型与浪漫型，它们又对应于建筑、雕塑、音乐等不同艺术门类。黑格尔以绝对精神发展为逻辑，认为从建筑到雕塑再到音乐有一个从物质性向精神性提升的逻辑。"适宜于音乐表现的只有完全无对象的（无形的）内心生活，即单纯的抽象的主体性。……所以音乐的基本任务不在于反映出客观事物而在于反映出最内在的自我，按照它的最深刻的主体性和观念性的灵魂进行自运动的性质和方式。"[1] 换言之，音乐因其特有的精神性或主体性，在黑格尔美学中具有很高的特殊地位，也成为浪漫主义艺术和美学的主导概念。唯美主义更是如此，佩特那句被广为引用的格言就是例证："一切艺术都在持续不断地追求音乐状态。"象征主义诗人瓦莱里明确提出了"纯诗"概念，很美的诗就是很纯的诗，是音乐化了的诗，"在这种诗里音乐之美一直继续不断，各种意义之间的关系一直近似谐

1　[德]黑格尔：《美学》第三卷上册，朱光潜译，商务印书馆1979年版，第332页。

音的关系"[1]。不但诗歌追求音乐状态,后来的抽象绘画也把音乐看作很高的艺术境界,并在画家中出现了相似的说法,即认为抽象绘画的最高境界充满了音乐性。相较于诗歌和绘画,写实与模仿往往遮蔽了艺术的纯形式,而音乐的抽象性或非描写性为审美至上性和艺术自主性提供了一个样板。如果我们把音乐的纯粹性与汉斯立克的音乐美学结合起来,纯粹性的乐音运动更加明晰地体现出音乐的纯粹性本质,音乐与描写无关,与模仿无关,与情感无关,它只是乐音的纯形式的运动而已。"音乐作品的美是一种为音乐所特有的美,即存在于乐音的组合中,与任何陌生的、音乐之外的思想范围都没有什么关系。"[2]

进入20世纪,如福柯所言,形式主义成为一种强大的思想潮流。从俄国形式主义到布拉格学派到英美新批评乃至法国结构主义,有个一以贯之的逻辑,那就是对语言的诗意形式的高度关注,而对其他许多历史的、社会的、心理的或政治的问题则漠不关心。俄国形式主义者日尔蒙斯基的话最具代表性:

---

[1] [法]瓦莱里:《纯诗》,载伍蠡甫主编《现代西方文论选》,上海译文出版社1983年版,第29页。
[2] [奥]爱德华·汉斯立克:《论音乐的美——音乐美学的修改刍议》,杨业治译,人民音乐出版社1980年版,第14页。

"形式主义世界观表现在这样一种学说中:艺术中的一切都仅仅是艺术程序(即技巧——引者注),在艺术中除了程序的总和,实际上根本不存在别的东西。"[1]后来雅各布森用系统结构和"主因"概念来规定。这个主因也就是使文学成为文学的文学性。文学性具体推证为三个命题:文学有别于其他文化形式的特点在于其语言特性;文学语言有别于其他语言在于其语言的诗意用法;语言的诗意用法是文学理论批评的唯一对象。所以雅各布森直言:"如果文学科学试图成为一门科学,那它就应该承认'程序'是自己唯一的主角。"[2]布拉格学派和英美新批评尽管具体表述有所不同,但这个基本理念可以说一以贯之。

自18世纪启蒙运动以来,经过哲学和美学上的审美至上和艺术自主性观念的合法化论证,从唯美主义到抽象主义的发展,再到20世纪上半叶形式主义理论的完善,审美论基本确立了自己的主导地位。但是好景不长,进入20世纪60年代,动荡不定的文化和急剧转变的社会,彻底颠覆了审美论的主导

---

[1] 转引自维克托·日尔蒙斯基《论"形式化方法"问题》,载方珊等译《俄国形式主义文论选》,生活·读书·新知三联书店1989年版,第360页。
[2] 转引自维克托·日尔蒙斯基《论"形式化方法"问题》,载方珊等译《俄国形式主义文论选》,生活·读书·新知三联书店1989年版,第362页。

地位，取而代之的是各种消解审美取向的激进文化政治主张。

二、文化政治论

伊格尔顿认为，文学理论在20世纪有两个时间节点尤为值得注意，一个是1917年，另一个是20世纪60年代后期。前一个节点说的并不是十月革命，而是那一年俄国形式主义的代表人物什克洛夫斯基发表了《艺术即技巧》一文，拉开了审美论或形式主义的大幕；后一个节点是讲60年代爆发的欧洲学生运动，尤其是发生在1968年的法国"五月风暴"。至此，"法国理论"登上了历史舞台。

何谓"法国理论"？根据美国学者布莱克曼的概括，"法国理论"即是"云集于后结构主义和后现代主义名下的那些思想家及其著述：诸如巴特、德里达、克里斯蒂娃、拉康、福柯、德勒兹、南希和利奥塔"[1]。其主要特征如巴特的传神说法，"理论"意味着"某种断裂，某种激增的碎片特性……它是一场旨

---

[1] Warren Breckman, "Times of Theory: On Writing the History of French Theory", *Journal of the History of Ideas*, Vol. 71, No. 3, 2010, pp. 339-340.

在劈开西方符号的战斗","随着能指的支配，理论在不断地消解着所指"。[1]布莱克曼认为，这一理论特色就是排除种种"呈现为独断论、本原、决定论以及拒不承认多元性"的理论，并以话语、差异、他性、去中心化、缺场和不确定性等概念，来对抗普遍主义、本原、在场、根基论、神学和元叙述，这些俨然已成为"法国理论"的标记。[2]如果我们对"法国理论"做更为宽泛的理解，那么，它还应包括阿尔都塞、拉康、布尔迪厄、列维纳斯，以及一大批女性主义者。令人好奇的是，这场"旨在劈开西方符号的战斗"如何导致了"某种断裂"呢？照我的看法，那是因为它终结了西方审美论传统，由此造成了理论发展的深刻断裂，形成了从审美论向文化政治论的转向。

这里，我关心的一个问题是，"劈开西方符号"怎么会和文化政治扯上关系呢？在这个方面，我认为福柯的话语理论最具代表性。话语论表面上看是对现实的语言规则的分析，但它隐含着的一个重要诉求则是通过语言分析，揭示看不见的权力

---

[1] Warren Breckman, "Times of Theory: On Writing the History of French Theory", *Journal of the History of Ideas*, Vol. 71, No. 3, 2010, p. 340.

[2] Warren Breckman, "Times of Theory: On Writing the History of French Theory", *Journal of the History of Ideas*, Vol. 71, No. 3, 2010, p. 340.

与知识的共生、共谋关系。

福柯认为，人类一切认知活动都发生在话语中，以至于霍尔用一句话来概括他的思想——"一切均在话语中"。那么，话语又是什么呢？话语不是抽象的语言，而是人们现实的语言活动。人对自然、社会、自我的认识都是通过话语而形成的。简单地说，所谓话语就是以语言构成的一组陈述，它不是自然而然地构成的，而是历史地、社会地和文化地形成的。话语构成有一系列的规则，说什么、怎么说、为何这么说都有严格的规范，即福柯所说的"话语的关系体系"。话语论要研究的正是这个关系体系。"这些关系是话语的极限：它们向话语提供话语能够言及的对象，或者更恰当地说，它们确定着话语为了能够言及这样或那样的对象，能够探讨它们，确定、分析、分类、解释它们所应该构成的关系网络。这些关系所标志的不是话语使用的语言，不是话语在其中展开的景况，它们标志的是作为实践的话语本身。"[1]这就意味着，一个社会中说什么、怎么说都不是自然而然的，而是有某种看不见摸不着的"关系体系"在后

---

1 [法]米歇尔·福柯：《知识考古学》，谢强、马月译，生活·读书·新知三联书店1998年版，第57—58页。

面支配着人们的话语。更重要的是，每个社会都有其支配性的话语，它们占据了宰制和压抑其他话语的优势地位，因而形成了主导话语，而这些主导话语往往又是借着真理（求真意志）和知识（求知意志）的名义行使其支配权的。福柯写道：

> 话语范围的分析是朝着另一个方向的：就是要在陈述事件的平庸性和特殊性中把握住陈述；确定它的存在条件，尽可能准确地确定它的极限，建立它与其他可能与它发生关联的陈述的对应关系，指出什么是它排斥的其他陈述形式。人们不用在明显的东西下面寻找另一话语的悄悄絮语；而是应该指出，为什么这个话语不可能成为另一个话语，它究竟在什么方面排斥其他话语，以及在其他话语之中同其他话语相比，它是怎样占据任何其他一种话语都无法占据的位置。这种分析所特有的问题，我们可以如此提出来：这个产生于所言之中东西的特殊存在是什么？它为什么不出现在别的地方？[1]

---

1 [法]米歇尔·福柯：《知识考古学》，谢强、马月译，生活·读书·新知三联书店1998年版，第33页。

经由福柯指点迷津，我们社会文化中那些看似自然的话语就显得不自然了，因为其后隐含着复杂的权力—知识共生共谋关系。对文学艺术研究来说，福柯曾多次表达了他的一个根深蒂固的观念，那就是在文学艺术作品中谁在说并不重要，重要的是为什么这么说，也就是话语的"关系体系"是如何支配着诗人、作家或艺术家这么言说的。[1]

其实，福柯的话语论并不是一个全新的理论。如果我们把这一理论与马克思主义经典作家关于意识形态的理论结合起来，便可以发现其中复杂的知识谱系学上的关联，只不过福柯强调从语言实践角度来解析，与经典马克思主义强调物质实践的理路有所不同而已。马克思早就指出统治阶级的统治思想是如何形成的。他认为，在物质力量上占统治地位的阶级必然要在精神上占据统治地位。那么，统治阶级是如何获得其统治思想的呢？马克思发现这里有一个典型的修辞转化，那就是把统治阶级自己的利益或思想描绘成全社会成员的共同利益和具有

---

[1] Cf. Michel Foucault, "What is an Author?", in James D. Faubion (ed.), *Michel Foucault: Aesthetics, Method, and Epistemology*, London: Penguin, 1998, p. 222.

普遍意义的思想。[1]意大利马克思主义者葛兰西进一步发展了经典马克思主义的意识形态理论，指出统治阶级是通过教育、新闻、舆论等社会体制，把马克思所说的修辞转化为社会大众的默认或认可，进而实现其文化上的领导权。伊格尔顿后来把马克思主义的意识形态理论与福柯的话语论相结合，对统治阶级的统治思想是如何运作的做了更加准确的界说："意识形态通常被感受为自然化的、普遍化的过程。通过设置一套复杂话语手段，意识形态把事实上是党派的、有争议的和特定历史阶段的价值，呈现为任何时代和地点都确乎如此的东西，因而这些价值也就是自然的、不可避免的和不可改变的。"[2]

俄国形式主义、布拉格学派、英美新批评和法国结构主义对语言符号诸多理论的奠基，一方面导致了审美论或形式主义

---

[1] "统治阶级的思想在每一时代都是占统治地位的思想。这就是说，一个阶级是社会上占统治地位的物质力量，同时也是社会上占统治地位的精神力量。支配着物质生产资料的阶级，同时也支配着精神生产的资料，因此，那些没有精神生产资料的人的思想，一般地是受统治阶级支配的。""事情是这样的，每一个企图代替旧统治阶级的地位的新阶级，为了达到自己的目的就不得不把自己的利益说成是社会全体成员的共同利益，抽象地讲，就是赋予自己的思想以普遍性的形式，把它们描绘成唯一合理的、有普遍意义的思想。"（马克思和恩格斯：《费尔巴哈》，载《马克思恩格斯选集》第一卷，人民出版社1972年版，第52—53页）

[2] Terry Eagleton, "Ideology", in Stephen Regan (ed.), *The Eagleton Reader*, Oxford: Blackwell, 1998, p. 236.

的刻板化，另一方面，这些在语言符号方面所积累的理论资源也面临着新的转型。德里达的解构主义和福柯的话语论恰逢其时地引领了这个转型，文学艺术的研究不再拘泥于语言形式的审美层面或形式层面的分析，这些语言研究的资源被解构主义或后结构主义思潮利用，转向了新的文化政治层面。这个转向既和1968年"五月风暴"的激进立场相契合，又与当时在西方社会兴起的民权思潮相融合。更重要的是，随着教育和文化的普及，来自社会中下层阶级和少数族裔的新一代人文学者进入知识生产场域。他们有别于前代学者的文化观，更加关注边缘、少数、底层和非西方文化艺术，关注这些文化艺术如何受到"欧洲白人中产阶级男性异性恋"这一统治阶级的统治思想的压制和排斥。于是，文学艺术和美学研究场域中，文化政治的讨论便成为压倒一切的热门话题，艺术形式分析和审美价值的讨论已经成为过时的话题。在这方面，可以说文学理论始终走在最前列，后结构主义所引领的各种激进理论都在文学理论中试用、发展和变异，文学理论成为20世纪60年代以来最为激进的思想试验场，新历史主义、文化研究、性别研究、女性主义、后殖民主义、东方主义、酷儿理论、生态批评、同性恋批评、动物理论……大凡新奇的理论都在文学理论中留下了深浅不一的印迹。而美学、艺术理论等知识领域一方面显得相对滞后,另一方面明显地受到文学理论激进思潮的影响。英国艺术史家布莱森的一段话可以佐证:"这是一个可悲的事实:艺术史的发展总落后其他的人文学科研究……当过去的三十年,文学、历史、人类学等研究都相继做出了重大变革,艺术史学科依然停滞不前毫无进展……逐渐退到人文学科的边缘地带……唯有彻底检讨艺术史的研究方法(那些操控着艺术史家标准的活动、未被言明的假设),情况才会有所改善。"[1]

从马克思到葛兰西、到福柯再到伊格尔顿,有一个文化政治理论发展的内在逻辑和知识谱系,当它与20世纪60年代以来的社会政治思潮相契合时,便成为文学艺术和美学研究的主潮。除了福柯,德里达的解构分析方法、巴特的文本论和神话论、克里斯蒂娃的符号分析、拉康的后结构主义精神分析、利奥塔的后现代主义理论、布尔迪厄的趣味的社会批判等,为文化政治分析提供了有效的理论武器。它们尽管主张各异,但都隐含了一个共同的假设,那就是历史上的文学艺术作品,特

---

[1] 转引自Pam Meecham和Julie Sheldon《最新现代艺术批判》,王秀满译,台湾韦伯文化国际出版有限公司2006年版,第xxii页。

别是那些经典之作，往往潜藏着统治阶级的统治思想。不过这些统治思想往往是以自然的、普遍的和不可改变的面目呈现的，使得人们很少产生怀疑。而"劈开符号"就可以揭橥这些统治阶级的统治思想是如何占据统治地位的，揭露其他文化和风格是如何被压抑和排斥的。比如，在布尔迪厄那本著名的《区隔：趣味判断的社会批判》中，把趣味视为一个阶级和社会地位的区隔概念，其实并不存在全社会所有人共有的趣味，如他所言："趣味是分类性，它把人们区分为不同类型。"[1] 原因很简单，因为趣味是通过教育习得的，在一个存在着复杂阶级分层的社会里，不同的人接受不同的教育并习得不同的趣味。今天欧洲流行的所谓审美趣味，不过是中产阶级文化表征而已。由此布尔迪厄揭示了启蒙运动以来资产阶级的审美趣味是如何形成的，是如何产生欧洲中产阶级的文化习性的。这就是前面我们提到的"欧洲白人中产阶级男性异性恋"主导的文化或意识形态，亦即马克思所说的统治阶级的统治思想。

晚近文学理论、艺术理论、美学和文化研究中最热门的概

---

[1] Pierre Bourdieu, *Distinction: A Social Critique of the Judgement of Taste*, trans. Richard Nice, Cambridge: Harvard University Press, 1984, p. 6.

念是"身份认同"(identity)。这个概念是具有高度包容性的，它与人们对他们是谁以及什么对他们有意义的理解相关。具体说来，认同的主要来源包括性别、性别倾向、国际或民族以及社会阶级（吉登斯）[1]。晚近的法国理论，特别是福柯的话语论对身份认同研究具有重要的方法论意义。根据话语论，人们对社会和自我的认知都是通过话语而建构起来的，因此，身份认同并不是一个一成不变的刻板范畴，而是处在不断建构过程中。这方面，霍尔的认同理论最具代表性，它反映了身份认同研究新的方向。霍尔依据福柯的话语论，力图把"我是谁"的本质主义追问，转变为"我会成为谁"的建构主义追问。"成为谁"就是通过自己的话语实践来建构自己，于是，文学艺术便成为身份认同建构的一个有效路径。按照这一理路，文学艺术研究不外乎两个方面：其一是揭露过往的作品中统治阶级如何确立其身份认同并扩展为全社会的共识；其二是借助新的话语实践来建构自己新的身份认同，并努力获得相应的文化权益。于是，批评家们一股脑地变成为"种族—性别—阶级批评

---

[1] 参见[英]安东尼·吉登斯《社会学》，李康译，北京大学出版社2009年版。

家"[1]，他们先入为主的研究兴趣就在身份认同，具体化为种族、性别和阶级等。文学艺术的研究不再是审美价值和艺术分析，转而成为一个文化政治的战场，一个表明自己政治立场和意识形态倾向的辩论场所。至此，可以说文化政治已经一边倒地压制了审美论，并由此改变了文学理论、艺术理论甚至美学理论的地形地貌。

三、审美论的回归与反击

也许是厌倦了文化政治的讨论，也许是人们需要重新思索文学艺术，时至今日，审美论重又崛起，再次回归理论场域的中心。当审美论回归时，我们听到的是对理论或法国理论一片唱衰的声音，诸如"理论终结"（詹明信）、"理论之后"（伊格尔顿）或"后理论"（麦奎连等），这些说法都隐含了一个判断，法国理论风光不再。

理论方向的变化其实是其发展的内在逻辑，河东河西的轮

---

[1] John Ellis, "Critical Theory and Literary Texts: Symbiotic Compatibility or Mutual Exclusivity?", *Pacific Coast Philology*, Vol. 30, No. 1, 1995, p. 117.

转反映了理论家和批评家们价值取向和研究兴趣的转移。雅各布森的"主导"论认为,每个时代的理论都有某种"主导"趋势,20世纪上半叶的主导理论是审美论,而下半叶占据主导地位的理论则是文化政治论。[1] 以威廉斯的"主导""新兴""残存"三种文化形态的结构关系来描述,可以说20世纪上半叶的主导性理论是审美论,而文化政治论则是一个新兴理论;下半叶则颠倒过来,文化政治论占据上风,而审美论则沦为残存理论了。[2] 历史地看,可以说审美论一直存在着,只不过在解构主义盛行的语境中,它不再处于理论的中心,而是渐渐处在比较边缘的地位了。审美论的回归就是重新回到理论的前台和中心。

正像后结构主义对审美论的一些核心概念釜底抽薪一样,审美论也是通过对它及其形态各异的文化政治论基本观念的反驳来重新确立自己合法性的。那么,审美论是如何批判后结构主义来确立审美的重要性呢?概括起来有如下几个方面。

---

1 参见[俄]罗曼·雅各布森《主导》,任生名译,载赵毅衡编选《符号学文学论文集》,百花文艺出版社2004年版。
2 Cf. Raymond Williams, *Problems in Materialism and Culture*, London: Verso, 1980.

首先是对种种语言建构论的批判。从结构主义到后结构主义或解构主义，在语言学转向的哲学大背景中，德里达的"分延论"和福柯的"话语论"开启了语言建构主义思路，并成为一切文化政治论最上手的批判武器。福柯的"一切都在话语中"、德里达的"一切均在文本中"，最典型地代表了这种观念。文学艺术被视为一种话语实践，被作为一种建构性的文化，所以就可以逆向解析书写或话语，进而读出隐含其后的种种文化政治意味。韦勒克早在20世纪80年代初就开始批判这一理论主张，他写道："文学研究可以融入一般文化的和社会的历史，这个古老的看法如今正在被一种全然不同的忧虑所取代。这种新理论宣称，人是生活在一个与现实无关的语言囚牢之中。"[1] 韦勒克认为后结构主义无疑夸大了语言的建构功能，将现实—语言—主体关系简化为语言—主体关系，不但把语言看作是塑造社会生活的力量，而且规定为决定历史进程的力量。它否认自我并无视人的感性生活，这也就否认了心灵与世界的关系要比语言更重要的事实。所以，批评家热衷在理论和

---

[1] René Wellek, "Destroying Literary Studies", in Daphne Patai and Will H. Corral (eds.), *Theory's Empire: An Anthology of Dissent*, Princeton: Princeton University Press, 2005, p. 30.

批评中把玩各式各样的语言游戏。韦勒克抓住了这个理论的牛鼻子：所谓"在场的形而上学"批判，亦即对任何终极的、本原的和本质的东西的消解。

> 德里达拒斥了他名之为"在场的形而上学"的整个西方思想传统，所谓"在场"意指此一传统所依赖的诸如存在、上帝、意识、自我、真理和本原等的终极概念。德里达提出了一个有悖常理的理论，即书写先于言语，这种观点经不起儿童的反驳，也经不起成百上千种无书面语记录的口语的反驳。[1]

假如这种奇谈怪论只是某个饱学之士的个人想法，倒也无伤大雅；令韦勒克感到惊讶的是，它居然会引发众人仿效形成如此广泛的影响，最终解构了我们赖以思考的知识和真理概念。"解构主义理论游离了现实和历史。令人感到矛盾的是，它走向了一种新的反审美的象牙塔，走向了一种新的语言学孤

---

1 René Wellek, "Destroying Literary Studies", in Daphne Patai and Will H. Corral (eds.), *Theory's Empire: An Anthology of Dissent*, Princeton: Princeton University Press, 2005, p. 44.

立论。"[1]另一位美国文学理论家克里格也尖锐地指出,解构批评的模式抨击审美统一是一个神话,坚持认为词语习惯于挣脱诗人的审美控制,脱离各种联系,逃向不确定性,从而漫无目的地播撒。他断言,解构主义实际上是一种"失败的诗学,一种反诗学"[2]。其实这里有一个很有趣的现象值得考量,尽管韦勒克等人抨击德里达、福柯夸大了语言符号功能的建构主义很有道理,但是,如果我们仔细回顾一下19世纪的形式主义理论,它们对语言符号的赞美较之后结构主义亦有过之而无不及。所不同的是形式主义的审美论强调的只是语言诗意用法或它的审美特征,而后结构主义则把语言或话语的建构性推广到人类社会和文化的一切层面,这样再反观文学和艺术时,语言的诗意和审美属性便荡然无存了。这正是审美论回归力图要重新夺取的一个阵地,回归语言的诗意本质或审美特性。

其次是对文本论的反思与批判。我们知道,后结构主义一

---

[1] René Wellek, "Destroying Literary Studies", in Daphne Patai and Will H. Corral (eds.), *Theory's Empire: An Anthology of Dissent*, Princeton: Princeton University Press, 2005, p. 45.

[2] Murray Krieger, "The Current Rejection of the Aesthetic and Its Survival", in Herbert Grabes (ed.), *Aesthetics and Contemporary Discourse*, Tubingen: Gunter Narr Verlag, 1994, p. 22.

个重要成果就是其文本论，这一理论最具代表性的表述就是巴特所谓"从作品到文本"。在巴特看来，作品是一个无生命的印刷物，而文本才是现实语言活动的产物，随着"作者之死"的宣判，文本遂脱离了作者对意义的掌控，这就把作品意义生产的权力从作者发还给了广大读者，文本意义便具有了无限丰富的生产可能性。这就是巴特和克里斯蒂娃所说的"文本性"或"文本的生产性"。值得注意的是，提倡文本生产性与其审美价值和形式价值的生产毫无关系，人们追随后结构主义大量生产的是文本的文化政治意义。更有甚者，后结构主义认定有机统一等审美原则，实际上与总体性的专制密切相关，这就把政治领域的讨论直接横移到文学艺术领域。克里格在论证审美论回归时，特别指出了解构主义关于审美的统一性趋向于总体性专制的看法是荒谬的，他反过来论述了审美原则的多样性和包容性，审美的统一是一种多样统一，并不拒斥丰富性和多样性，反倒构成了一种社会其他领域所不具备的包容性。[1] 其实，在后结构主义那里，文本是一个充满了矛盾的概念。一方面，

---

[1] Murray Krieger, "The Current Rejection of the Aesthetic and Its Survival", in Herbert Grabes (ed.), *Aesthetics and Contemporary Discourse*, Tubingen: Gunter Narr Verlag, 1994, p. 22.

从福柯到德里达再到巴特，都在放大语言或话语功能的同时，也放大了文本的功能，德里达的"一切均在文本中"就是一个典型的表述。另一方面，通过否定作者及其意图，通过对"在场的形而上学"的批判，文本所具有的权威性也被消解了。韦勒克对此有系统的反思，他认为后结构主义理论否认了文本的权威性，一味强调读者或批评家解释共同体的作用，赞赏各式各样的误读，也就彻底抛弃了作品固有的意义和价值而走向了相对主义和虚无主义。他还毫不留情地批判了康斯坦茨学派的接受美学和费什的读者反应批评，特别指出了读者反应批评的危险主张："不存在错误的阐释，也不存在用于文本的规范，所以也就不存在某个对象的知识。"[1] 我以为，审美论对后结构主义的这一点批评有其合理性，审美原则简单地与政治上的总体性专制勾连显然是悖谬的。如果我们把目光转向法兰克福学派，可以发现该学派其实正是把审美作为人类社会的理想形态，这一观念继承了德国浪漫主义和启蒙运动的理念，因为在康德、席勒、谢林和黑格尔这些古典哲学家看来，审美带有令

---

1 René Wellek, "Destroying Literary Studies", in Daphne Patai and Will H. Corral (eds.), *Theory's Empire: An Anthology of Dissent*, Princeton: Princeton University Press, 2005, p. 46.

人解放的性质。阿多诺从卡夫卡、勋伯格和贝克特独特的艺术表现形式中,看到了颠覆我们惯常的刻板思维的可能性[1];马尔库塞则直言艺术的形式即"现实的形式",体验贝多芬和马勒的无限悲痛,用柯罗、塞尚和莫奈的眼光看世界,"这些艺术家们的感觉曾经帮助这个现实的形式"的实现。更重要的是,艺术独特的表现形式"是对既定生活方式的控诉和否认"。最终,要消除的不是艺术,而是作为艺术对立面的那些虚伪的、顺从的和安慰人的东西。[2] 由此来审视后结构主义对审美原则的否定,我们至少可以得出一个初步的结论,那就是审美原则包含了丰富的内容和多种可能性,审美统一性原则必然走向总体性专制的看法是缺乏根据的。但是,审美原则是不是也有值得反思的地方呢?这就涉及下一点。

最后是关于审美论的精英主义文化观及其价值判断。我们看到,后结构主义式的文化政治论,总是以宽容和民主为切口,引入民粹主义观念,直指精英主义的文化观,在颠覆精英

---

[1] T. W. Adorno, *Aesthetic Theory*, trans. C. Lenhardt, London: Routledge & Kegan Paul, 1984, p. 280.
[2] 参见[美]马尔库塞《作为现实形式的艺术》,载伍蠡甫、胡经之主编《西方文艺理论名著选编》下卷,北京大学出版社1987年版,第725页。

主义文化的同时放弃了文学艺术研究的审美价值判断。或者说，提出了全然有别于传统审美价值判断的另一评价系统。依照布尔迪厄的分析，所谓高雅的审美趣味不过是中产阶级教育和文化习性的表现，它并不是全社会所有人的普遍诉求，与中下层民众的趣味迥然不同。这种对精英主义的解构实际上消解了启蒙运动以来所确立的文化理念和价值观，韦勒克对此深刻地质疑，他分析晚近后现代主义的影响，伟大的文学经典与通俗侦探小说之间的差别日趋模糊，精英主义被视为过时的对传统的坚守，价值评判被当作一种压迫或排斥的手段，这些都是对伟大文学传统及其审美价值的公然漠视。审美论的一个核心思想就是理直气壮地提倡审美价值判断，"稍加反思便可揭示价值评判乃是文学研究的基本任务。伟大的艺术和真的垃圾之间确有一道难以逾越的鸿沟"[1]。克里格从另一个角度捍卫了文学艺术的审美价值，他认为后结构主义者以及强烈吁求社会改革的批评家们，误认为审美只是某个有闲阶级的自娱自乐，具有某种保守和逃避的色彩，所以审美作为某种奢侈品必须被放

---

1 René Wellek, "Destroying Literary Studies", in Daphne Patai and Will H. Corral (eds.), *Theory's Empire: An Anthology of Dissent*, Princeton: Princeton University Press, 2005, p. 47.

弃，克里格认为这既不合情也不合理。不同于韦勒克恪守精英主义立场，克里格从另一个角度论证了审美的重要功能。他认为当前文学研究中有两种对抗的理论取向，一种是审美论，另一种是意识形态论，后者正是通过强调意识形态分析而抛弃了审美论。面对这一状况克里格提出了一种潜在的危险，即鼓吹意识形态分析的人会不会用某种意识形态来压制其他意识形态（比如审美意识形态）呢？由此他明确提倡一种反意识形态路径：

> 文本的对抗意识形态解读法，把文学视为不受话语通常会有的逻辑限制和修辞限制，这种解读法所产生的持久影响有赖于它所获得的反讽力量，因而有赖于无限宽广的文学素材和彼此冲突态度，一旦赋予文学这种对抗意识形态的特许权，文学就会认可这些毫无限制的素材和彼此矛盾的态度。[1]

---

[1] Murray Krieger, "The Current Rejection of the Aesthetic and Its Survival", in Herbert Grabes (ed.), *Aesthetics and Contemporary Discourse*, Tubingen: Gunter Narr Verlag, 1994, p. 29.

克里格虔信，后结构主义及其意识形态批评，其实暗含了以某种意识形态来压制或排挤其他思想的文化暴力，而审美论的方法就是以对抗意识形态的解读方法，来赋予文学更为宽广的素材和彼此冲突的态度。换言之，在克里格看来，正是文学的审美特性赋予它对差异和矛盾的宽容，抵制了某种意识形态的强权，使文学成为一个包容万象的想象性世界。这里，我们看到一个有趣的现象，审美自主论受到解构主义及其文化政治论批判，是因其资产阶级精英主义的排斥性，因其曲高和寡的文化领导权而缺乏民主性，因其对差异和地方性的不宽容等。但在克里格等人的反驳中，是以其人之道还治其人之身的方法，直击意识形态批评的压制性和不宽容，反衬出审美作为文学本性所具有的多样性和宽容性。这种反思和批判，说实话是值得我们关注的，审美价值判断的复杂性并不是一个精英主义标签就可以被打入冷宫的，审美论对审美价值的拓展性界说，从根本上维护了审美的尊严与合法性。

四、审美回归的理论主旨

"审美论回归"是由一些不同理论主张构成的思潮，它既不是一个严格的理论体系，也没有明确的纲领和学派。审美论回归之所以值得关注，首先是它作为理论生态某种缺失的必要补充，经过后结构（解构）主义、新历史主义、后现代主义、文化研究、女性主义、后殖民主义等新理论的轮番冲击，文学艺术研究的地形图早已面目全非，文化政治的争议沸沸扬扬，文学范畴被扭曲和夸大了，而文学艺术自身的问题和特性完全被忽略了，理论家和批评家们争相扮演政治批评家的角色，文学艺术的知识生产变成了政治辩论。文学艺术自身独特问题的缺场导致了反向作用力的出现，于是审美论再次回到了知识场域的前台。其次，晚近跨学科、多学科和交叉学科成为时尚，文化研究消解了文学艺术的诸多边界，去分化和模糊界限的文化实践和理论思考，消解了文学艺术同日常生活事物之间的区别。因此，从该研究对象到研究方法，作为一门独特学科的文学理论和艺术理论甚至美学，都变得眉目不清、性质不明了。社会学、政治学、人类学、符号学、文化史、思想史、心理学等多种学科的渗透与交叉，也在相当程度上改变了文学理论和艺术理论的属性。文学艺术研究场域的学者不再拥有形式、文体和审美分析的独门绝技，而是努力和哲学、社会学、历史学等行业竞争，恶补各种各样其他学科的知识，讨论各式各样的非文学问题（从政治体制到国际贸易不一而足）。文学艺术的研究者慢慢地从"专家"演变为"杂家"，表面繁荣之下暗含着严峻的学科危机，文学理论、艺术理论和美学的学科合法化遭遇到前所未有的挑战。回想当年新批评在北美崛起，原因之一就是确立文学理论学科的合法化，通过细读和形式分析确立作为一门学科的独立性与方法论。我想晚近审美论的崛起与当年新批评的立法者角色有相似的作用。

那么，晚近出现的审美论有哪些值得关注的理论主张呢？

文学艺术的本质或特性是晚近审美论倾力探究的难题。我们知道，俄国形式主义的一个重要发现就是所谓的"文学性"。历史地看，这个概念有其重要性，它通过语言的诗化技巧运用而区别于其他语言现象。但是，这个概念也有其先天局限，它把文学视作一个孤立的、自在的和自足的语言系统，使得文学作品与写作和阅读都无关系。新批评更加明确地亮出"意图迷误"和"感受迷误"两把刀，于是武断地切断了文本与主体的关联，转而集中于"文本自身"的研究。经过近一个世纪的理论发展，审美论重新聚焦文学的本质特性。我发现，经过后结构主义的塑造，晚近关于文学独特性的看法有不少新的进展，俄国形式主义、布拉格学派和英美新批评比较狭隘的文学性界定被许多新的富有创意的观点所取代。晚近英国学者阿特里奇的"文学事件独一性"理论，就是吸纳了后结构主义的合理资源后对文学特性所做的新探究。在阿特里奇看来，文学是一个操演（述行）性的事件，作者写作出文本，文本再经读者解读，都是主体参与的事件，事件是打开新意义和新体验的扭结点和聚会空间。从这个角度看，文学文本不是一个物，而是一个或多个"行动—事件"：

> 文学作品"是"什么：一个阅读行动、阅读事件，它从未完全与一个或多个写作行动—事件相分离，正是写作使得一个潜在的可读文本出现了，它也不会完全脱离于历史的偶然性，正是由于进入其中，文本才为人们所期待，也正是在其内，文本才被人们所阅读。作品不是一个物，而是一个事件，这种说法也许是不言自明的，但这种不言自明说法的含义却一般并不为人们所接受。[1]

这个理论明显可见德里达、巴特、南希等人的影响，却

---

1 Derek Attridge, *The Singularity of Literature*, London: Routledge, 2004, p. 59.

又和文学独特本质特征的审美论追求相一致,它在一个全新的基础上对文学独一性做了富有创意的新解。"文学事件独一性"这一表述不但揭示了文学不可能还原为物质性的特征,很像巴特对文本的解说,而且还规定了文学的偶然性和可能性。阿特里奇强调,文学的独一性总是和平庸的、刻板的、凝固的东西相对立的。独一性在事件中每一次都会呈现异样性和新颖性,这就像一个人的签名,虽有固定的格式,但每签一次都会有所不同。[1] 从俄国形式主义的文学性到阿特里奇的"文学事件独一性",我们可以瞥见晚近审美论崛起需要注意的一个特点,那就是向前看的未来导向,即充分汲取一切对审美论有益的当代理论资源,在一个全新的语境中更加开放和系统地重构审美论。当然,相较于阿特里奇这样的新一辈学者,一些老派学者在批评后结构主义的同时,不断地唤起某种向后看的怀旧心态,期待着重新返归传统的审美论。比如韦勒克就相当怀念布拉格学派和英美新批评的黄金时代,克里格甚至直言,当他进入文学研究领域时,形式主义和新批评所提出的诗性与文学

---

[1] Derek Attridge, *The Singularity of Literature*, London: Routledge, 2004, pp. 63-64.

性，给他很大的启迪。通过对诗歌语言偏离正常语言用法的陌生化效果的探究，揭橥了文学和诗学对规范刻板语言方式的颠覆，进而鼓励读者们去培育自己特殊的语言反应机制，抵制僵化的阅读。比较两种不同的取向，向前看与向后看实际上构成了当代审美论回归的内在张力。单纯地回到传统审美论的"向后看"取向不是审美论发展的最佳路径，比较起来，阿特里奇的"向前看"更有发展前景，因为它一方面反思了传统审美论的优长和局限，特别是考虑到如何避免其局限而获得新的推进；另一方面，它汲取了后结构主义等学派的有益理论资源，进而为探讨文学艺术特性找到一些新的视角和方法。比较一下阿特里奇的"文学事件独一性"和雅各布森的"文学性"，不难发现西方文学理论对文学特性理解的进步和深化。

与上述工作密切相关的另一种关切，是如何使审美的、诗意的和形式的观念再次合法化，如何使这些曾经重要的概念重新处于理论思考的中心。自古希腊以来，关于审美的一些原则，从有机统一论到诗意语言形式论，再到艺术结构封闭性原则等，成为文学艺术分析的方法论。经由启蒙运动到浪漫主义，德国古典哲学家和浪漫主义艺术理论家合力确立了审美在文学艺术场域的中心地位。但是随着文化政治论对审美理论的解构性分析，将其与精英主义、意识形态、阶层区隔、统治阶级思想或文化领导权混为一谈，审美的、诗意的和形式的不再是普遍有效的范畴，不再处于文学艺术研究和理论思考的中心，甚至变成一个"问题概念"。审美回归论的一个重要工作就是把审美及其相关观念重新合法化，并再次置于文学艺术研究的中心位置。

让审美重归文学艺术知识生产的中心，首先要为审美正名。在这方面，当代审美论是通过两个路径论证审美合法化的。其一是回到启蒙精神及其伟大遗产。我们知道，后结构主义对启蒙理性精神做了解构性破坏，最著名的文献就是福柯的《何谓启蒙？》。重回启蒙首先就是清理被后结构主义歪曲误解了的启蒙美学遗产，重温并重释康德、席勒等人的美学思想。在这一点上，无论是老一辈审美论者，还是新一代审美论者，都赞成继承启蒙美学的理念与方法。这里也有"向前看"和"向后看"两种不同取向：或是回到以往对启蒙美学精神的传统理解上去，如韦勒克和克里格都强调康德和席勒美学精神的传统理解；或是反思后结构主义质疑启蒙精神的某些合理因素，对启蒙美学精神做出新的阐释，这在新一代学者中比较流行，比如重新阐释康德的审美无功利和美的普遍性原则，重新界说席勒的审美冲动的人文主义内涵等。其二是回击后结构主义强加给审美的过度政治化阐释，指出这些对启蒙美学精神理解上的谬误。前文提到了克里格对后结构主义关于审美非但没有导致总体性专制，反而提供了一个宽容的理想场所，就是一个典范性的回击。审美论的崛起在努力回到启蒙运动及其浪漫主义的美学基本原则时，意在把曾被剥夺并宣判无效的审美权力发还给文学艺术，并以此来抵抗过于意识形态化的解读。克里格说得好："拒绝文学概念要比崇拜文学更加危险。今天，与那些剥夺审美权力的人截然不同，我们非常需要文学那种对抗意识形态的力量，来防止我们当前的知识型变成以手段的理论化来僵化自己的东西，它才是我们努力要挣脱的某种话语。"[1]我注意到晚近审美论的一个重要发展，那就是在恪守启蒙美学精神及其美学原则的同时，不是简单化地对审美"去政治化"，而是尽力保持审美与政治、形式主义与现实主义、美学原则与社会关切之间的平衡。詹姆斯在讨论法国文学理论晚近形式回归的趋向时指出，新形式主义在努力追求包含历史理

---

[1] Murray Krieger, "The Current Rejection of the Aesthetic and Its Survival", in Herbert Grabes (ed.), *Aesthetics and Contemporary Discourse*, Tubingen: Gunter Narr Verlag, 1994, pp. 29-30.

解或政治承诺，努力保持理论反思和细读、特定作家研究和重要取向的语境化之间的平衡。[1]这一点非常重要，这是当下审美论不同于历史上审美论的一个关节点。如果说传统的审美论确有走向纯形式和精英主义的可能性的话，那么，经过了各种文化政治论的批判和重构，今天的审美论已不再是唯美论，而是包容了许多政治意涵的新的审美论，它在一定程度上实现了审美与政治的平衡。也正是从这个意义上说，重归启蒙精神的审美论，并不是简单地回到启蒙原点，毋宁说是在正反基础上的合式重返，是螺旋上升后的重返启蒙。

审美论关注的第三方面是文学艺术的形式，这一关注典型代表是所谓"新形式主义"。或许我们也可以说，新形式主义的崛起代表了审美论的强势登场。在英语学界，新形式主义是在对新历史主义的反思中渐臻形成的。从后结构主义（尤其是福柯）到新历史主义，其间的知识谱系关系是显而易见的。新历史主义不再关注审美分析，而是热衷于各种不同文本或文献与文学文本的参照、关联和互证，因而把视线转向了意识形态

---

[1] Alison James, "Introduction: The Return of Form", *L'Esprit Créateur*, Vol. 48, No.2, 2008, p. 3.

分析，转向诸如身份认同、权力、领导权、他者、表征等概念。当这样的研究走到极限时，越来越多的理论家和批评家发现："他们（学文学的研究生和本科生——引者注）很少或完全没有形式主义或文体学批评方面的知识，对美学也不熟悉。即使他们相信自己所学的任何东西是值得追问的，但他们却往往沉溺于对某些当代理论家的模仿拷贝之中，盲目地而非充满洞见地接受这些理论家的观点。"[1]针对这一文学研究和教学窘境，新形式主义提出了重返形式分析，提倡一种"为形式而读"的方法。[2]有学者指出：对新形式主义来说，最好的情况是，展现某种对启蒙的批判观念和实践的高度关注，特别是启蒙对那些作为经验可能性条件的形式方法的高度关注，诸如文本的、审美的或其他方法。对新形式主义来说，最坏的情况是，它使自己努力挽救的病情继续恶化了，即那些对立的、宗派、实用主义的或工具性的阅读，趋向于塑造或维系自由中产阶级主体，诸如自主的、自明的、复杂的但并不冲突的主

---

1 Daphne Patai and Will H. Corral (eds.), *Theory's Empire: An Anthology of Dissent*, New York: Columbia University Press, 2006, p. 9.
2 Susan Wolfson, "Reading for Form", *Modern Language Quarterly*, Vol. 61, 2000, pp. 1-16.

体。[1]新形式主义其实并不是一个统一的理论派别，甚至不像法国理论那样有一些一呼百应的思想领袖，而是包含了诸多立场观念差异，但都强调文学研究要回归文学形式层面。如果说文化政治论是隐含了某种文学艺术研究的政治承诺的话，那么，新形式主义则有一个鲜明的审美承诺或形式承诺。那就是要把抽象政治概念式的枯燥分析转化为感性的审美体验式的阅读。如莱文森所言："以某种审美的或形式的承诺来建构新形式主义，努力抵御某种认知的、伦理的和司法的承诺所引发的不和谐。"[2]一方面，新形式主义主张回到启蒙思想家的基本观念上去，特别是康德、席勒等人的美学思想，并把形式作为一个富有生产性的概念；另一方面，新形式主义针对后结构主义以来的历史，以更为宽容的格局来重新清理形式主义知识谱系的轨迹：俄国形式主义、布拉格学派、英美新批评、结构主义、解构主义、新历史主义、后结构主义等，从中发现新形式主义的理论资源，因此许多暂时被忘却或边缘化的理论家又被

---

1 Marjorie Levinson, "What is New Formalism?", *PMLA*, Vol. 122, No. 2, 2008, p. 562.
2 Marjorie Levinson, "What is New Formalism?", *PMLA*, Vol. 122, No. 2, 2008, p. 562.

重新定位和阐释。不难发现,新形式主义不是一种简单回归过去的主张,而是把过去和现在甚至未来的不同维度都置于理论的建构之中。在传统的对形式和审美概念的理解基础上,新形式主义汲取了晚近后结构主义等理论的某些养料,在传统形式理解的基础上,大大拓展了形式的内涵。

由"为形式而读"引发的进一步的问题是,如何使文学艺术的理论和批判避免抽象枯燥的理论概念的分析,重返文学艺术研究所特有的愉悦体验。不难发现,"理论终结"和"理论之后"的"后理论",正在改变自己的研究策略和方法,关注审美体验式的分析与阐释。早在20世纪60年代文化政治论登场之时,桑塔格就举起了"反对阐释"的旗帜,强调文学研究应拒斥抽象的理论化而回归感性体验。[1]审美论再次提出了文本分析的审美体验而非政治概念解析的重要性,强调文本审美层面的细读愉悦,这就使得文学艺术的研究和批评更加接近审美而非思辨。经过"法国理论"的洗礼,理论先行和理论宰制已经成为文学艺术研究的大趋势,没有理论的文学研究和艺术研究被认为是低层次的,缺乏思想的生产性。但是如何把思

---

[1] 参见[美]桑塔格《反对阐释》,程巍译,上海译文出版社2003年版,第3—17页。

想的生产性与审美体验性两者完美结合，始终是文学理论、艺术理论甚至美学理论的关键环节。审美论的一个重要取向就是使研究向审美倾斜，恢复文本细读的审美愉悦，用克里格的话来说，就是文学研究具有某种"对抗意识形态"的功能。在这样的理论和批评的思考中，审美体验和审美判断成为不可或缺的环节。在有条件地接受各种"后主义"对差异和边缘的宽容之后，审美论仍旧坚守审美体验和审美价值是非常重要的，当然，今天审美论所提倡的审美体验及其判断不再是狭隘的、独断论的和排他性的，但坚持某种审美价值标准是显而易见的。

最后，我用克里格的一段话作为本文的结语：

> 研究文学的价值在于通过向我们揭露总体化之危害，进而揭秘了意识形态（以及否定的意识形态）。想想在艺术领域之外碰到的那些僵化的话语，我只能寄希望于它们也受到艺术话语的熏陶。文学性的艺术服务社会最重要的是它对读者别的阅读经验的熏陶：通过引导那些顺从的读者学会完整阅读的方法，去领会文本语言游戏性以及文本的虚构性，进而帮助他们在各种表面上看来并非"文学"或"审美"的文本中，发现这种游戏和这些虚构。

……我提倡一种文本，它具有超越周围话语环境限制去创造的力量，具有使那些顺从的读者感到惊奇的力量。确切地说，被意识形态批评解读的文本所匮乏的正是这种令人惊奇的力量。审美无须回避政治；事实上，我们有理由在美学与政治意识之间确保某种关联，虽然这一关联并非那么令人放心的牢固。如今在这一关联中也有了某种抵抗意识形态总体化强制的因素；不只是抵抗某种意识形态，而是抵制依附于意识形态的褊狭性（哪怕不是总体的封闭性）。席勒以后，我们现在已把解放的意识当作审美本身，如果是这样，那么作为政治动物的我们沉浸在审美之中时，甚至用审美来超越时，就都会感到愉悦。[1]

（原刊《文艺研究》2016年第1期）

---

1 Murray Krieger, "The Current Rejection of the Aesthetic and Its Survival", in Herbert Grabes (ed.), *Aesthetics and Contemporary Discourse*, Tubingen: Gunter Narr Verlag, 1994, p. 30.

艺术跨媒介性与艺术统一性
——艺术理论学科知识建构的方法论

作为一个独立的学科,艺术(学)理论已经在中国当代学术体制中确立。按照学界通常的看法,艺术理论的研究对象乃是各门艺术中的共性规律。然而各门艺术千差万别,如何从艺术的多样性进入其统一性,委实是一个难题。在艺术研究领域,实际上存在两种不同的方法论取向:一是专事于具体门类艺术研究的学者,往往强调某门艺术的独一性而忽略艺术的共通性;二是具有哲学、美学和文艺学背景的学者,力主各门艺术多样性和差异性基础之上的共通性，共通性是艺术理论作为一门独立学科的合法化根据。两种取向之间的紧张是当下中国艺术研究的真实现状，前者走的是"自下而上"的路线，但很容易止于某一艺术的独一性；后者按照"自上而下"的路线展开，亦局限于从基本观念和原理来推演。建构中国的艺术理论学科及其知识体系，如何平衡归纳与演绎、经验与思辨、差异性与共通性、多样性与统一性的张力，显然是一个难题。古往今来的理论家们就这一张力发表了许多精彩看法，仍给我们诸多启示。本文基于晚近艺术跨学科研究的发展趋势，讨论一个艺术理论知识建构的方法论新议题，即艺术的跨媒介性问题。我认为，解决艺术研究"自下而上"和"自上而下"的矛盾，从艺术的跨媒介性入手是一个很有前景的理论路径。换言之，本文透过跨媒介性的视角，来重新审视各门艺术之间的内在关联，进而达致各门艺术多样性和差异性基础上的统一性或共通性。

一、艺术间交互关系的研究范式

从中西艺术理论的学术史来看，艺术交互关系研究大致有四种主要的范式。最古老的是所谓"姊妹艺术"的研究。中西艺术批评史和理论史上最常见的理论话语就是诗画比较。在中国文化中,"诗画一律"是一个妇孺皆知的常识。尽管诗画分界是存在的,但在中国文人看来,两者不分家或"你中有我、我中有你"是显而易见的。苏轼的说法影响深远:"味摩诘之诗,诗中有画,观摩诘之画,画中有诗。"[1] 他得出了"诗画本一律"的结论。如果说这种观念反映了诗画融通的关系,那么如下说法则点出了两种艺术毕竟不同:"画难画之景,以诗凑成;吟难吟之诗,以画补足。"[2] 此一说法道出了诗画各有所长和所短,诗之所短乃画之所长,反之亦然。在西方,这样的讨论亦汗牛充栋[3],在此不再赘述,但有一个问题值得关注,那就是如何以文学的修辞和语言来描述图像,即"ekphrasis"。从词源学上看,这个概念来自希腊语,意思是讲述、描述或说明,是以诗论画的古老传统,泛指一切用语言来描述图像的行

---

1 苏轼:《书摩诘蓝田烟雨图(节录)》,载郭绍虞主编《中国历代文论选》第二册,上海古籍出版社1979年版,第305页。
2 诗人吴龙翰语,曹庭栋《宋百家诗存》卷一九,转引自钱锺书《七缀集》,上海古籍出版社1985年版,第7页。
3 See Herbert M. Schueller, "Correspondences between Music and the Sister Arts, According to 18th Century Aesthetic Theory", *The Journal of Aesthetics and Art Criticism*, Vol. 11, No. 4, 1953, pp. 334-359.

为。在中国古典诗画讨论中，整合论或融合论占据主导地位，与西方重逻辑分类的区分性思维有所不同。西方艺术理论更强调文学与绘画的媒介差异性。以语言去描述图像，这其中就产生了某种跨媒介关联。所以"ekphrasis"自古以来是一个讨论艺术间复杂关系的热门话题，从语言对图像的描述，到诗画关系的比较，再到文学借鉴绘画的逼真刻画效果，一直到绘画受制于文学主题等，都有所涉及。及至晚近的艺术理论，"ekphrasis"再度吸引学者们的注意力，成为一个极有生长性的研究话题，其考察已经大大地超越了古典的以诗论画的范围。[1]

第二种艺术交互关系的研究范式是历史考察模式，通过不同时期艺术间相互关系的变化，总结出一些历史演变的关系模

---

1 Cf. Murray Krieger, *Ekphrasis: The Illusion of the Natural Sign*, Baltimore: Johns Hopkins University Press, 1992; Peter Wagner(ed.), *Icons-Texts-Iconotexts: Essays on Ekphrasis and Intermediality*, Berlin & New York: Walter de Gruyter, 1996; Emily Bilman, *Modern Ekphrasis*, Bern: Peter Lang, 2013; Asunción López-Varela Azcárate and Ananta Charan Sukla (eds.), *The Ekphrastic Turn: Inter-art Dialogues*, Champaign, IL: Common Ground, 2015; Stephen Cheeke, *Writing for Art: The Aesthetics of Ekphrasis*, Manchester: Manchester University Press, 2010; Gottfried Boehm and Helmut Pfotenhauer, *Beschreibungskunst-Kunstbeschreibung: Ekphrasis von der Antike bis zur Gegenwart*, Paderborn: Verlag Wilhelm Fink, 1995.

式。这方面的研究很多。豪塞尔发现,从历史角度看,不同的艺术类型并不处在同一发展水平上,有的艺术"进步",有的则"落后"。"18世纪以来,人们几乎不会注意到,由于公众对艺术的兴趣的社会差别发展起来,文学、绘画和音乐已不再保持同一水平的发展,这些艺术部门中的某一种艺术几乎不把它们已经解决的诸形式问题表现在另一种艺术之中。"[1]雅各布森从另一个角度指出,每个时代都有某种占据主导地位的艺术门类,它会对其他艺术产生深刻影响,形成各门艺术争相模仿的关系形态。他基于文学的诗学观念,区分了文艺复兴、浪漫主义和现实主义三个不同阶段的主导审美风格的变迁。文艺复兴时期占据主导地位的是视觉艺术,因而它成为当时的最高美学标准,其他艺术均以接近视觉艺术的程度被评判其价值;浪漫主义阶段音乐占据主导地位,因而音乐的特性成为最高的审美价值标准,所以诗歌努力追求音乐性;到了现实主义阶段,语言艺术成为主导的审美价值标准,因此诗歌的价值系统又一

---

1 [美]阿诺德·豪塞尔:《艺术史的哲学》,陈超南、刘天华译,中国社会科学出版社1992年版,第242页。

次发生了变化。[1]雅各布森的"主导"理论触及了艺术间相互历史关系的一个重要方面,那就是它们彼此间的影响关系。结合豪塞尔的理论可以看到,各门艺术的不平衡发展导致特定时期的某种艺术成为最有影响力的主导艺术,这门艺术的审美观念遂成为占据主导地位的审美价值标准,广泛影响了其他艺术。有趣的是,雅各布森的三段式聚焦于三种不同的艺术媒介,揭示了绘画的视觉媒介、音乐的听觉媒介和语言媒介在艺术交互关系的历史结构中依次占据主导地位的演变轨迹。

第三种艺术交互关系研究范式是美学中的艺术类型学。美学将各门艺术视为一个统一性结构,无论称其为"美的艺术",还是大写的"艺术"或复数的"艺术",都表明艺术是一个家族。但这个家族的成员各有不同,因此,如何分类确立共通性之下的差异性,一直是美学的一个重要任务。从莱辛的诗画分界的讨论,到黑格尔五种主要艺术类型历史与逻辑相统一的结构,再到形形色色的艺术分类研究,都意在强调不同艺术之间的相互关系及其整体性和统一性。以美国著名美学家芒罗的

---

[1] 参见[俄]罗曼·雅各布森《主导》,任生名译,载赵毅衡编选《符号学文学论文集》,百花文艺出版社2004年版,第9—10页。

《艺术及其交互关系》一书为例。他以塑形（shaping）、声音（sounding）、语词（verbalizing）的三元结构来划分，将各门艺术归纳为六类：1. 视觉塑形艺术（绘画、雕塑、建筑、家具、服饰等）；2. 声音艺术（音乐和其他具有声音效果的艺术）；3. 语词艺术（诗歌、小说、戏剧文学等）；4. 视觉塑形与声音艺术（舞蹈和哑剧的结合等）；5. 声音与词语化的艺术（歌曲）；6. 视觉塑形、声音与词语化的艺术（歌剧等）。[1]需要指出的是，美学的艺术分类研究是从关于艺术的基本哲学观念出发展开的，因此各门艺术的统一性是依照逻辑在先原则处理的，它与"姊妹艺术"从各门艺术的独特性入手进入统一性的研究路径正好相反。

第四种艺术交互关系研究范式来自比较文学的比较艺术（comparative arts）或跨艺术研究（interarts studies）。历史地看，这一研究是过往"姊妹艺术"研究的当代发展，从当下知识生产境况来看，它是比较文学学科走向跨学科和文本交互性的必然产物。比较艺术是在比较文学美国学派中形成

---

[1] Thomas Munro, *The Arts and Their Interrelations*, Cleveland: Press of Western Reserve University, 1967, pp. 297-314, pp. 528-529.

的，它是平行研究的一个重要层面，即文学与其他艺术的比较研究。有学者指出："进行文学与艺术的比较研究似乎有三种基本途径：形式与内容的关系、影响以及综合。"[1]还有学者认为，传统的艺术间研究往往关注存在于两个文本之间可感知到的一系列关系，包括关联、联系、平行、相似和差异等。[2]晚近的研究则主要集中在不同媒体文本的类型学，如一个媒介的文本如何被另一个媒介的文本改写或重写（比如电影对文学作品的改编），一个艺术门类中发生的运动如何对其他艺术产生影响，某种艺术特定结构的或风格的特质如何被其他艺术效仿等。[3]"通过涵盖多媒介和新技术并质疑学科的或传统的边界，跨艺术研究试图重新界定比较文学这一领域。"[4]另有学者提出，

---

1 [美]玛丽·盖塞：《文学与艺术》，张隆溪译，载张隆溪选编《比较文学译文集》，北京大学出版社1982年版，第121页。
2 Claus Clüver, "Interarts Studies: An Introduction", in Stephanie A. Glaser(ed.), *Media inter Media: Essays in Honor of Claus Clüver*, Amsterdam & New York: Rodopi, 2009, pp. 500-504.
3 Claus Clüver, "Interarts Studies: An Introduction", in Stephanie A. Glaser(ed.), *Media inter Media: Essays in Honor of Claus Clüver*, Amsterdam & New York: Rodopi, 2009, pp. 505-509.
4 Anke Finger, "Comparative Literature and Internart Studies", in Steven Tötösy de Zepetnek and Tutun Mukherjee (eds.), *Companion to Comparative Literature, World Literatures, and Comparative Cultural Studies*, Cambridge: Cambridge University Press, 2013, p. 131.

如果通过其他艺术来反观文学，便可以更加深入地把握文学的特质。比如以绘画来看文学，便可得出一些颇有启发性的结论，如通过绘画来阐释文学作品的细节，以画面构图来探究文学的概念和主题，文学与绘画的交会互动等。[1]但从艺术理论的知识建构来看，比较艺术研究有两个明显缺憾。其一是它的语言学中心论。其方法论主要依据语言学，而且文学作为语言艺术，自然将语言学作为知识生产的方法论，这会导致忽略其他艺术自身的特性和方法（比如图像学或音乐学的方法）的弊端。其二是文学中心论。由于比较艺术是在比较文学学科框架内发展起来的，所以文学自始至终都是比较艺术的中心，文学的主导地位使得其他艺术的比较成为参照甚至陪衬，比较意在说明文学特性而非其他艺术的独特性，这就有可能将艺术理论最为关键的问题——艺术统一性及共性规律——排除在外。

最后一种艺术交互关系研究的范式是晚近兴起的跨媒介研究（intermedial studies）。它克服了比较艺术的语言学中心论和文学中心论，对于艺术理论的学科建设和知识生产最具生

---

[1] See Helmut A. Hatzfeld, *Literature Through Art: A New Approach to French Literature*, Chapel Hill: University of North Carolina, 2018.

产性。"跨媒介性"（intermediality）是晚近人文社会科学的一个新概念，关于何谓"跨媒介性"也有颇多争议。"跨媒介"（intermedia）概念1966年出现在美国艺术家希金斯的一篇文章中，"跨媒介性"概念则源自德国学者汉森-洛夫。1983年，他用这个概念来和"互文性"概念类比，以此把握俄国象征主义文学、视觉艺术和音乐的复杂关系。此后这个概念和"互文性"概念相互纠缠，甚至有人认为跨媒介性是互文性的一种表现形态，亦有人认为跨媒介性与互文性完全不同。"一般来说，'跨媒介性'这个术语是指媒介之间的关系，这个概念因而被用来描述范围广大的超过一种媒介的文化现象。之所以无法发展出单一的跨媒介性定义，原因在于它已经成为许多学科的核心理论概念，这些学科包括文学、文化和戏剧研究，以及历史、音乐学、哲学、社会学、电影、媒体和漫画研究，它们均涉及不同的跨媒介问题群，因而需要特殊的方法和界定。"[1]有学者具体区分了广义和狭义的"跨媒介性"，以上界定就是广义的"跨媒介性"，只在媒介内、媒介外、媒介间加

---

1 Gabriele Rippl (ed.), *Handbook of Intermediality*, Berlin & Boston: Walter de Gruyter, 2015, p. 1.

以区分,"媒介间"正是"跨媒介性"的广义概念。而狭义的"跨媒介性"则更为具体,首先区分为共时与历时的跨媒介性,前者是特定时期的跨媒介性,后者指不同时期跨媒介性的历史演变;其次区分为作为基础概念的"跨媒介性"与作为特定作品分析范畴的"跨媒介性";最后区分涉及不同学科方法的现象分析,不同的学科方法对不同现象的分析是否属于跨媒介性有不同的看法。[1]由此可以看出,跨媒介性并不拘泥于某一个学科(如比较文学),而是一个更具包容性和开放性的范畴,深入不同学科和领域,关联很多媒介领域和现象。

以上四种模式比较起来,我认为跨媒介性及其研究范式最有发展前景,与艺术理论的知识体系建构关联性最强。尤其是跨媒介研究的方法论,越出了美学门类研究和比较文学的比较艺术范式,在很多方面推进了艺术理论知识系统建构。主要有如下五个方面。

第一个推进是将媒介因素作为思考的焦点,这既符合当代艺术发展彰显媒介交互作用的趋势,又是理论话语自身演变的

---

[1] Irina O. Rajewsky, "Intermediality, Intertextuality, and Remediation: A Literary Perspective on Intermediality", *Intermédialités*, No. 6, Automne 2005, pp. 47-49.

发展逻辑所致。如果说在传统艺术中媒介往往被题材和主题遮蔽的话，那么，当代艺术则越来越强调媒介的重要性。对于艺术的比较研究来说，对媒介及其复杂性关系的关注加强了艺术本体论研究，有助于深入揭示各门艺术在差异性基础上的统一性。

第二个推进是破除了比较文学的文学中心论，将各门艺术置于平等的相互影响的地位，这就为更带有艺术理论性质而非诗学宰制的理论话语建构提供了可能。"跨媒介性"概念原则上说是一个中性概念，它强调每门艺术各有所长所短，其相互作用是关注的焦点。特别是艺术史和视觉文化的兴起，视觉性和听觉性问题的凸显，削弱了语言及文学的中心性，把不同艺术的比较研究推向了更加广阔的领域。

第三个推进体现在较好地实现了自下而上与自上而下方法论的结合。美学范式往往囿于哲学思辨的传统而走自上而下的路线，而媒介问题的凸显一方面打通了与媒介哲学的联系，另一方面将注意力放在具体的媒介上，这就将经验研究和思辨考量有机结合，更有效地阐释了艺术交互作用背后的艺术统一性。

第四个推进呈现为对新媒介和新技术等艺术发展新趋势的

关注。20世纪末以来，随着新媒介和新技术的进步，艺术也出现了深刻的变革。拘泥于"拉奥孔"显然已难以适应这一新的变局。消费文化、信息社会、网络和数字化的普及，尤其是视觉文化的崛起，重塑了艺术的地形图。"跨媒介性"概念和方法的提出恰逢其时，是对这一变局敏锐的理论回应。这在相当程度上改变了比较艺术重视过去甚于当下的倾向，使得比较艺术的知识生产更带有未来导向。由于新媒介和新技术的大量引入，传统雅俗艺术的分界也渐趋消解。"跨媒介性"作为一个包容性很广的概念，起到了拓展艺术研究领域的作用，将以往处在"美的艺术"边缘的亚艺术或非艺术的门类，从漫画到网络视频，从戏仿作品到摄影小说等，都纳入了艺术研究的范畴。

最后一个推进是进一步强化了这一研究领域的跨学科性。如前所述，跨媒介性并不是艺术的专属现象，而是广泛地发生在社会文化诸多领域。就我的观察而言，社会学、传播学、文化研究甚至语言学和数字人文都深度参与了跨媒介性问题，引入了许多新的理论和方法。比如语言学中的模态理论就被广泛用于跨媒介性的分析，符号学、叙事学、社会学、政治学也都把跨媒介性作为一个思考当下现实的独特视角。一言以蔽之，跨媒介性是我们重构艺术理论知识体系并探究各门艺术统一性的颇有前景的研究路径。

二、跨媒介比较与主导艺术

在比较文学的比较艺术研究中，始终存在着一个"帝国中心"，那就是作为方法论的语言学和作为艺术门类之一的文学。而进入跨媒介艺术研究的一个重要转变则是去中心化，一方面是方法论更加多元化和具有跨学科性，另一方面则是各门艺术平等相处。然而，从历时性角度看，艺术的跨媒介相互关系研究似乎总有主次之分，有些艺术门类长时间占据着重要地位，有些艺术则处于较为边缘的位置。一个最为突出的有趣现象是，诗、画、乐，或广义的文学、造型艺术、音乐，在中西古典艺术的跨媒介性讨论中，从古至今总是处于核心地位。这是为什么？是因为这"三兄弟"比别人更重要，还是因为这"三姊妹"彼此关系密切、经常互动？

历史地看，不同艺术在不同时代居于完全不同的位置，有的是中心地位，有的则处于边缘地位，中西艺术史及其研究都证明了这个规律性现象。18世纪中叶，巴托界分了五种"美的艺术"——音乐、诗歌、绘画、戏剧（应为雕塑）和舞蹈。[1] 20年后，莱辛的《拉奥孔》奠定了诗画比较的现代模式。19世纪初黑格尔的庞大美学体系，从历史的和逻辑的层面建构了一个由建筑、雕塑、绘画、音乐和诗歌五门艺术构成的系统。20世纪中叶，克里斯特勒在对现代艺术体系形成的历史分析中提出的五门现代艺术分别是绘画、雕塑、建筑、音乐和诗歌。[2] 如果我们把两百年间这些关于艺术的理论稍加综合，便不难发现诗歌、绘画和音乐是跨媒介研究的常客，占据着从古典艺术体系到现代艺术体系中的显赫位置。诗画、诗乐、画乐是三种最经常的比较模式。而两两比较最常见的有三种模式，比如诗画比较的三种跨媒介关系：一是诗歌中的绘画，二是绘画中的诗歌，三是诗歌与绘画。

诗画乐之所以在跨媒介性思考中如此彰显，原因非常复杂。首先，这三门艺术在古典艺术中成熟较早并成就较高，因此成为前述雅各布森意义上的"主导型艺术"；其次，这三门

---

[1] Abbey Batteux, "The Fine Arts Reduced to a Single Principle", in Susan Feagin & Patrick Maynard (eds.), *Aesthetics*, Oxford: Oxford University Press, 1997, p. 104.
[2] 参见[美]克里斯特勒《现代艺术体系》，阎嘉译，载周宪主编《艺术理论基本文献·西方当代卷》，生活·读书·新知三联书店2014年版，第77页。

艺术的媒介相对单纯，语言、视像、乐音分别代表了不同的媒介特性，尤其是媒介的单一纯粹性，这就和戏剧舞蹈等有多媒介参与的混杂媒介情况有所不同；再次，诗画乐的媒介是从古典到现代文化生产与传播的形态，代表了阅读、视觉和听觉感知这三种基本认知方式；最后，古典艺术家的跨界实践中，最常见的就是这三者的互通与穿越，尤其是诗画不分界或兼诗兼画的情况在艺术家中并不鲜见，中国古代文人往往是诗书画琴样样精通。即使在当下的跨媒介艺术研究中，大量的讨论仍然集中在这三个艺术门类的媒介关系上。这清楚地表明，跨媒介艺术本体论研究中实际上存在着主导艺术与非主导艺术两大类型。以一本时下颇为流行的工具书《跨媒介性手册》(2015)为例，虽然各种新媒介现象已开始崭露头角，但基本问题仍围绕诗画乐提出，该书设计了三大问题域：其一是文本与形象，包括"ekphrasis"、文学与摄影、文学与电影、文学视觉性与跨媒介框架、跨媒介叙事、文本与图像的结合；其二是音乐、声音与表演，涉及文学与音乐理论、文学声学、诗歌的音乐化、跨媒介性与表演艺术、跨媒介性与视频游戏等；其三是跨媒介方法论与交错性。[1]比较艺术学者、哈佛大学教授奥尔布赖特的力作《泛美学：各门艺术的统一性与多样性》(2014)，也是聚焦于诗画乐这三门主导艺术的比较之作。[2]

进一步的问题是，诗画乐在跨媒介艺术交互关系研究中处于中心地位，这与艺术的统一性或共性规律有何关系？对这三门艺术的跨媒介关系思考是否有助于对艺术理论基本原理的把握？我以为这可以从两个层面来考量。第一，由于从古典艺术到现代艺术，诗画乐始终占据主导地位，成为艺术中的代表性门类，这三种主要的艺术媒介及其相互关系亦成为跨媒介关系的典型形态。比如从艺术家跨界实践的角度说，诗画乐三者的跨界似乎最为常见。在黑格尔的艺术哲学体系中，各门艺术有一个历史序列，象征型艺术以建筑为代表，古典型艺术以绘画为代表，而浪漫型艺术则是绘画、音乐和诗歌的三足鼎立。第二，从逻辑的角度说，这五门艺术又是一个严密的艺术系统，从艺术的物质性逐步发展到艺术的精神性。正如黑格尔所言：

---

[1] 这本书的作者多为文学背景，所以文学在其中扮演了中心角色，未能脱离比较文学构架中的比较艺术学路径。See Gabriele Rippl (ed.), *Handbook of Intermediality*, Berlin & Boston: Walter de Gruyter, 2015.

[2] See Daniel Albright, *Panaesthetics: On the Unity and Diversity of the Arts*, New Haven: Yale University Press, 2014.

"从一方面看,每门艺术都各特属于一种艺术类型(即象征型、古典型和浪漫型艺术——引者注),作为适合这种类型的表现;从另一方面看,每门艺术也可以以它的那种表现方式去表现上述三种类型中的任何一种。"[1]在黑格尔的艺术分类系统中,建筑是外在的艺术,雕塑是客观的艺术,绘画、音乐和诗歌则是主体的艺术。紧接着他又指出,各门艺术的分类原则必须服从于一个更高的原则——"美概念本身的普遍的阶段或因素"[2]。"普遍的阶段"和"(普遍的)因素"这两个表述,揭示了艺术之间的内在关联性和统一性。"普遍的阶段"就是象征、古典和浪漫的历史三阶段,而"(普遍的)因素"则是指艺术逐渐摆脱物质性向精神性(心灵性或观念性)的上升逻辑。值得注意的是,作为浪漫型艺术的绘画、音乐和诗歌属于主体性的艺术。这也从另一个角度解释了为什么这三门艺术更加突出地成为艺术跨媒介比较研究的宠儿。虽然在黑格尔的艺术哲学系统中,浪漫型并不是我们通常理解的近代浪漫主义,而是指中世纪到文艺复兴时期的艺术,但是这种趋向于

---

1 [德]黑格尔:《美学》第一卷,朱光潜译,商务印书馆1979年版,第104页。
2 [德]黑格尔:《美学》第一卷,朱光潜译,商务印书馆1979年版,第114页。

精神性或主体性的艺术发展趋势，在黑格尔那里得到了有力的论证。

在黑格尔的体系中，诗歌是最高境界，所以其《美学》用了大量篇幅来讨论诗歌（广义上的文学）。黑格尔之后情况有所转变，音乐似乎超越文学成为各门艺术追求的至高艺术境界。这一趋势在浪漫主义批评家佩特那里表述得最为透彻，他有一句流传久远的名言："一切艺术都不断地追求趋向于音乐状态。"[1]这段话初看起来不合逻辑，因为每门艺术都有自己的特性，为何都会趋向于音乐状态呢？如果我们把诗画乐视为跨媒介艺术研究的"三冠王"，那么，在三者中，音乐似乎又处在一个更加优越的地位。不同于黑格尔的逻辑结构中诗歌是最高的王冠，佩特则把音乐视为王冠上的明珠。道理何在？从佩特的论述逻辑来看，他通过对乔尔乔内画派的研究提出，美学批评的对象是最完美的艺术，最完美的艺术是内容与形式融为一体的状态，音乐是这种状态最典型的体现。

---

[1] "All art constantly aspires towards the condition of music." Cf. Walter Pater, *The Renaissance: Studies in Art and Poetry*, edited with texual and explanatory notes by Donald L. Hill, Berkeley: University of California Press, 1980, p. 106.

所以，一切艺术如果要达到完美，就必然追求"音乐状态"。晚近，随着对现代主义艺术研究的深入，艺术的纯粹性被视作现代主义艺术的重要指向，用纯粹性来解释佩特的如上表述成为一种普遍倾向，而艺术的强烈表现性则被作为一个论证依据。由此，艺术的抽象性便被视为一种艺术的理想境界，而音乐是各门艺术中最具抽象性特征的门类，于是音乐性成为各门艺术努力追求的理想境界。"正是音乐艺术最完美地实现了这一艺术理想，这一质料与形式的完美同一……在音乐而非诗歌中才会发现完美艺术的真正典范或尺度。"[1] 前面我们提到的雅各布森所谓浪漫主义以音乐为理想的文学追求即如是。

这里就碰到一个跨媒介艺术研究的难题：如果说诗画乐是三种最重要的艺术门类，那么三者之中谁是"王中王"呢？换言之，诗画乐之中哪一种艺术最能代表艺术的特征和价值呢？在中国古典文化中，诗歌是当然的"王中王"，因为"兴、观、群、怨"的功能使之成为最重要的艺术门类。在西方，不同时

---

[1] Cf. Walter Pater, *The Renaissance: Studies in Art and Poetry*, edited with texual and explanatory notes by Donald L. Hill, Berkeley: University of California Press, 1980, p. 109.

代亦有不同的艺术担任"王中王",如古希腊时期的雕塑和悲剧,文艺复兴时期的绘画和建筑,浪漫主义时代的诗歌和音乐等。

除了不同艺术的相互竞争,在同一大门类,比如造型艺术或视觉艺术中,历来也存在着建筑、雕塑和绘画孰优孰劣的争论(如达·芬奇关于绘画与雕塑优劣的讨论)。佩特断言音乐在各门艺术中具有至高无上的优越地位,其实这是浪漫主义艺术观念和美学观念的体现。我以为至少有这样几个原因。第一,在各门艺术中,音乐的和谐与秩序特性最为凸显。从调性到曲式,从旋律到节奏,音符之间的有序结构关系成为各门艺术模仿的对象,在这方面只有建筑可与音乐相媲美。第二,音乐又是最缺乏模仿性的艺术。在西方古典艺术范畴内,模仿曾经是一个颠扑不破的真理,所以雕塑、绘画、史诗、悲剧等艺术脱颖而出,成为在模仿方面具有优越性的艺术门类。而浪漫主义以降,模仿自然的古典原则不再是天经地义的了,人们转向主体的精神、心灵、情感和想象力,音乐作为一种最具表现性或表情性的艺术,其声音媒介直接感染人心的特性使其异军突起,成为各门艺术努力追求的理想状态,难怪许多艺术家会把自己的理想甚至具体作品与音乐性关联起来,如德拉克洛瓦就提出了"绘画音乐性"的观念等。以至于斯达尔夫人直言，音乐优于其他所有艺术之处就在于，它具有"某种令人愉悦的梦幻效果，让我们沉浸其中，消除了语言所能表现的所有思想，同时唤起了我们对无限的领悟"[1]。第三，音乐的非模仿性使其趋向于某种艺术的纯粹性，尤其是形式的纯粹性，所以在现代主义潮流中，当艺术纯粹性的美学观念逐渐占据主导地位之后，较之于其他艺术，音乐显而易见地成为艺术纯粹性的典范艺术类型。如瓦莱里所提倡的"纯诗"观念就是对诗歌音乐性的追索："在这种诗里音乐之美一直继续不断，各种意义之间的关系一直近似谐音的关系，思想之间的相互演变显得比任何思想重要。……纯诗的概念是一个达不到的类型，是诗人的愿想、努力和力量的一个理性的边界。"[2] 值得注意的进一步发展是，艺术的这种纯粹性最终彻底摆脱了模仿的禁锢，日益转向现代艺术的抽象。尤其是在抽象主义、抽象表现主义等艺术风靡之后，音乐的跨媒介实践和相关理论成为阐释抽象艺术音

---

[1] Quoted in Peter Vergo, *The Music of Painting: Music, Modernism and the Visual Arts from the Romantics to John Cage*, London: Phaidon, 2012, p. 8.

[2] [法]瓦莱里：《纯诗》，载伍蠡甫主编《现代西方文论选》，上海译文出版社1983年版，第29页。

乐性的一个重要层面。

诚然,这里我们无须追究何者为"王",重要的是透过音乐的独特审美特性来深入揭示艺术的内在关系及其隐含的基本艺术观念。当某种艺术超越其他艺术而成为跨媒介比较的参照甚至典范时,一方面说明特定艺术具有某种代表特定时期艺术观念和美学原则的功能,另一方面也在提醒我们,随着艺术实践的不断发展,不同历史时期会有不同的艺术跃居跨媒介研究的中心位置,这就不断地改变着艺术及其理论话语的版图。

三、艺术跨媒介的模态关系

跨媒介艺术研究的一个重要任务是搞清各门艺术间复杂的交互关系,进而从艺术的多样性和差异性进入艺术的统一性,由此揭示艺术的共通性。晚近跨媒介艺术研究在不同艺术的跨媒介模态关系上,提出了不少有价值的分析方法和理论模型。从这些研究的当代进展来看,在跨媒介性观念及其方法的指引下,艺术的跨媒介交互关系的研究超越了传统的"姊妹艺术"或比较艺术的研究范式,成为艺术作品本体论研究的一个极具生长性和创新性的领域。

在诸多跨媒介模态关系理论中,有三种看法尤其值得注意。首先是奥地利学者沃尔夫的跨媒介模态关系的四分法[1],他区分了"作品外"(extracompositional)和"作品内"(intracompositional)两个范畴,前者指不同媒介间具体的交互关系,决定了作品的意义和外在形态,后者则是批评家方法论的产物,并不直接影响作品的意义和外在形态。在此基础上,沃尔夫归纳出四种跨媒介模态关系。第一种是作品外的模态,即超媒介性,它不限于特定的媒介,而是出现在不同的异质媒介符号物之间,具有某种显而易见的相似性。"超媒介性可出现在非历史的形式手法层面上,以及符号复合体的组合方式层面上。"[2] 这在今天各门艺术的实践中经常可以见到,它们是一些并不限于特定媒介,而是在若干媒介中都出现的艺术形式要素或特性。比如音乐中的动机重复和主题变奏,这种形式构成不但可以在音乐中见到,在小说叙事、绘画空间、戏剧舞台或舞蹈动作中也可以见到。常见的超媒介性还有叙事性。叙

---

[1] Werner Wolf, "Intermediality", in David Hartman et al. (eds.), *Routledge Encyclopedia of Narrative Theory*, London: Routledge, 2005, pp. 253-255.
[2] Werner Wolf, "Intermediality", in David Hartman et al. (eds.), *Routledge Encyclopedia of Narrative Theory*, London: Routledge, 2005, p. 253.

事虽然是文学最重要的手段,但叙事在电影、戏剧、绘画、音乐、舞蹈甚至摄影中都普遍存在。超媒介性也就是虚拟的跨媒介关系。第二种也是作品外的模态,即媒介间的转换,或是部分转换,或是整体转换,或是类型(genres)的转换。比如文学中的叙述者,也可以为电影、戏剧、舞蹈甚至绘画所借鉴,而这类现象最典型的例子就是文学作品被改编成电影。当然,在不同艺术间的转换其实是多种多样的。比如印象主义发轫于绘画,以画家西斯莱、毕沙罗、莫奈、马奈、德加、雷诺阿等人为代表。但印象主义并不限于绘画,它广泛地影响了文学和音乐。文学中的小说家福特和康拉德就是例证,尤其是后者《黑暗的心》开篇伊始,就采用了典型的印象主义风景画手法。[1] 至于音乐,也出现了颇有影响的印象主义作曲家德彪西、萨蒂、拉威尔等,他们的乐曲一反古典主义和浪漫主义音乐的

---

[1] 康拉德在其《黑暗的心》一开始,就采用印象主义风景画的手法描绘了他眼中的泰晤士河景观:"泰晤士河的入海口在我的眼前伸展,仿佛是一条横无际涯的水路的开端。远处水面上,海天一色,浑无间隙。在明净的天空下,几艘驳船缓缓行驶在潮水中,船上黑褐色的风帆反衬着尖尖的红帆布,好像着色后的鬼魂释放着幽光。海滩笼罩在一片烟雾中,平坦地向大海蜿蜒,消失在烟波浩渺之处。格雷夫森港上空天色阴沉,越往里越黯淡,凝结成一团朦胧,盘旋在这座世界上最伟大的城市之上,森然可怖。"([英]约瑟夫·康拉德:《黑暗的心》,孙礼中、季忠民译,解放军文艺出版社2005年版)

套路，着力描写印象派绘画般的声音景观，就像萨蒂所直言的那样："我们为什么不利用莫奈、塞尚、劳特雷克及其他人所引介的理念呢？我们怎么能够不将这些理念转化为音乐呢？没有比这更简单的事了。"[1]这种跨媒介关系虽然不是出现在特定作品中的多种媒介的相互关系，却是不同艺术门类之间实质性的相互关系。在比较文学的比较艺术学研究中，人们往往把这种转换型的跨媒介关系视为影响的产物。比如德彪西受马拉美《牧神午后》的启发创作了同名管弦乐曲，就是一个颇有说服力的影响关系的例证。

第三种是作品内的模态，即多媒介性（multimediality/plurimediality）。比如歌剧就是一种多媒介性的艺术，其中包含了表演、戏剧、音乐和视觉符号，再比如一些实验小说中的插图或乐谱。这也就是我们前面特别指出的多媒介性艺术品，或可称之为"多媒介性融合"，不同的媒介整合在一个作品中，形成某种混杂性而非单媒性作品那样的单纯性。芭蕾舞、漫画、广播剧等都属于这一类型。最后一种是作品内的模

---

[1] 转引自［英］保罗·霍尔姆斯《德彪西》，杨敦惠译，江苏人民出版社1999年版，第65—66页。

态,即跨媒介参照或指涉(intermedial reference),它既不是媒介混杂,也不是符号的异质性构成,跨媒介性是作为一种参照出现的,但在媒介和符号学上是同质而非异质的。值得注意的是,其他媒介在这种形态中往往是暗含的或间接的,或者说是观念上的而非实质性的,是在欣赏者那里所唤起的另一种媒介的心理效果。具体说来,这种参照或指涉又分为明显的与隐含的两种不同形态。前者如文学作品中对绘画或音乐的直接描绘,如白居易的《琵琶行》,或是在绘画中直接描绘音乐家及其演奏,由此指涉音乐及其幻想性的声音。而后者又包含了多种形态,经常被分析的形式相似或参照有"音乐的文学化""小说的音乐化""绘画的音乐化""小说的电影化",等等。[1]

与沃尔夫的理论稍有区别的另外两种分类也相当有启发性。一个是德国学者施勒特尔提出的另一种四模态理论:模态一是综合的跨媒介性,即几种媒介融合为一个综合媒介的过程。综合媒介是20世纪60年代以来,后现代艺术的突出特

---

[1] Werner Wolf, "Intermediality", in David Hartman et al. (eds.), *Routledge Encyclopedia of Narrative Theory*, London: Routledge, 2005, pp. 253-255.

征,如哈泼宁或激浪派。模态二是形式的或超媒介的跨媒介性,它们呈现为某些超媒介结构特征(比如虚构性、节奏性、写作策略、系列化等),它们并不只限于某种媒介,而是会出现在不同媒介的艺术门类中。模态三是转化的跨媒介性,一种媒介通过另一种媒介来呈现,比如一个关于绘画的电视系列节目,绘画在影像中被呈现。模态四是本体论跨媒介性,它是讨论任何媒介之前必须预设的某种本体论的媒介,它先于任何媒介,并作为媒介分析的根据。[1]另一种分类方法来自德国学者拉耶夫斯基,她认为"跨媒介性"概念是在三种不同意义上使用的,这就是艺术跨媒介性的三个次级范畴,涉及跨媒介实践的三组不同的跨媒介现象或关系。一是媒介转换意义上的跨媒介性,它指一种媒介转换现象,比如文学作品的电影改编,或反过来,一部电影放映后又被改编成小说;二是媒介融合意义上的跨媒介性,比如歌剧、电影、戏剧、插图本手稿、计算机或声音艺术装置等,就是采用所谓的多媒介、混合媒介和跨媒介的形式;三是跨媒介意义上的跨媒介性,比如一本文学作品

---

[1] See Jens Schröter, "Four Models of Intermediality", in Bernd Herzogenrath (ed.), *Travels in Intermediality: Reblurring the Boundaries*, Hanover: Datmouth College Press, 2012, pp. 15-36.

参考了一部特定的电影或某种电影类型片,或一部电影参考了一幅画,一幅画参考了一张照片,等等。[1]

毫无疑问,这些对艺术中复杂的跨媒介交互关系的分类,对于理解各门艺术之间的联系和影响具有相当的启发意义。但在我看来,这些分类忽略了一个更为根本的问题,那就是艺术作品的单媒性与多媒性的区分。这是一个关键的艺术本体论问题,它决定了对跨媒介关系解析的方法论,也是区分跨媒介关系的一个基础性标准。缺乏这个指标维度,跨媒介关系便有可能被不加区分地放在一个篮子里。前面讨论跨媒介艺术研究中三门主导型艺术即诗歌、绘画和音乐时,特别指出了这三种艺术在媒介学意义上的单纯性,即媒介的单一性。诗歌基于语言,绘画有赖于色形线,音乐建立在声音基础之上。当我们说这三门单一媒介的艺术具有跨媒介特性时是指什么呢?比如说"诗中有画"或"画中有诗",意思是说画的媒介进入诗歌,或是诗歌的媒介进入绘画吗?它们和电影、戏剧、舞蹈等带有多

---

[1] See Irina O. Rajewsky, "Border Talks: The Problematic Status of Media Borders in the Current Debate about Intermediality", in Lars Elleström (ed.), *Media Borders, Multimodality and Intermediality*, New York: Palgrave, 2010, pp. 51-68.

媒介性质的艺术类型有何区别呢？这就向我们提出了一个艺术跨媒介性的本体论问题——单媒性与多媒性的差异。所谓单媒性艺术品，是指其质料、形式和模态都基于某一种媒介，比如诗画乐都是以单一的媒介存在的。多媒性艺术品是指一个艺术品本身就包含了两种或两种以上的媒介，比如传统的图配文的插图书，本身就包含了词语和图像两种不同的媒介，两者也许表达相同的意义，但媒介方式有所不同。作为综合艺术的戏剧也是多媒性的，其中包括文学性的词语媒介（剧本、对白）、声音媒介（人物语音、背景音乐、歌队演唱）、身体的动作性（舞蹈或戏剧动作）等。再比如作为"第七艺术"的电影，整合了更多的媒介要素，视听媒介在其中实现了完美结合。

区分单媒性与多媒性艺术品的意义在于从方法论上为我们考量复杂的跨媒介关系提供一个维度。一些跨媒介比较经常提及文学作品中的跨媒介现象，比如李世熊的"月凉梦破鸡声白，枫霁烟醒鸟话红"，这两句经典的通感或隐喻诗句，严格说来并不是质料和模态上的跨媒介，而是语言所引发的一种跨媒介感知或联想效果而已。不少学者喜欢用音乐作品的曲式、节奏、主题重复与变形等概念来分析诗歌或小说，比如分析艾略特诗歌《四个四重奏》，指出某些文学作品的创作具有跨媒介性。这是对文学作品形式而非质料性和模态性的分析，结论只适用于形式上的相似性和类比效果，并非实际发生的跨媒介交互关系，它与不同媒介构成的艺术品的形态完全不同。随着科技发展及其对艺术的影响，新技术、新材料、混合媒介越来越多地进入艺术领域，导致了非常多样的多媒性艺术品的出现。由此便引发了跨媒介艺术研究的两种不同形态：一种为"模拟性的跨媒介关系"，比如文学中对其他媒介的艺术门类形式手法的模拟和参照，实际上并没有不同媒介之间具体的交互关系；另一种是"质料性的跨媒介关系"，它是在物质层面上实际发生的跨媒介交互关系，常常出现在多媒性艺术品中，尤其是传统的美学分类中所说的综合艺术如戏剧、电影等之中。

在对单媒性与多媒性艺术品做本体论区分的基础上，有必要提出一个更简洁、更具包容性的艺术跨媒介二分模态关系。第一种模态关系是单媒性艺术品的跨媒介参照或转换关系，它是一种虚拟的跨媒介性，即在特定艺术品内只存在单一媒介，但指涉、参照或模仿了其他媒介的艺术门类的某种形式、风格或结构。比如诗歌中广泛存在的通感现象，仍是在语言媒介内，却表现了听觉、视觉、触觉、温觉等其他媒介的效果。跨媒介研究中的热门话题"ekphrasis"也属于这一关系类型。再比如，德彪西从马拉美的诗歌中获得启示创作了同名乐曲《牧神午后》，同样属于这种关系。这是跨媒介艺术研究中一个非常普遍也非常重要的问题，在所有艺术门类中，几乎都不同程度地存在着单媒性作品对其他媒介艺术的参照和模仿。这种关系说明艺术之间存在着复杂的内在关联性，这也可以用"超媒介性"来表述。此外，上述各类分法谈及的转换关系也可视为这一关系的特殊类型，比如文学作品改编成电影作品，或者电影上映后又转换为文学作品。需要注意的是，这种转换是在不同的艺术品之间进行的，不限于单媒性。比如电影本身就是多媒性的，但转换本身并没有导致原艺术品和目的艺术品之间媒介属性的任何变化，电影还是电影，文学还是文学。简言之，参照关系或转换关系没有改变艺术品原初的媒介构成，却在单媒性艺术品内形成了跨媒介性效应，或从一种媒介转到了另一种媒介，这种转换只发生在内容或形式层面，而没有导致媒介本身出现新的关系。

第二种模态关系是多媒性艺术品的跨媒介性关系。这类作品本身就包含了不止一种媒介，存在着各种不同媒介之间实际的交互关系。这种质料性的跨媒介关系又分为两种形态。一种是整合的跨媒介关系，将各种媒介统一于完整系统之中。最典型的就是电影、戏剧、歌剧、舞蹈等传统的综合艺术，以及摄影小说、具象派诗歌、字母雕塑、漫画等艺术形态。整合的跨媒介性是最需要关注的领域。随着新媒介和新技术的发明，越来越多整合的跨媒介性成为艺术发展的风向标，不断提出新的问题，逼迫艺术理论做出新的解答。另一种是非整合的跨媒介关系，比如美术作品展览上可以有室内乐、诗朗诵、艺术家活动的视频或纪录片，当然最重要的还是画作或雕塑作品的展陈。在这样的形式中，各种不同媒介的活动实际上是独立存在的，形成了某种互文性关系，但并没有整合到一个独立的作品结构之中。

至此，我们触及一个跨媒介性方法论中的重要概念——统合艺术品。通过这个概念，我们可以更加深入地把握跨媒介性所蕴含的艺术统一性原则。"统合艺术品"（Gesamtkunstwerk）概念来自德国浪漫主义音乐家瓦格纳。瓦格纳认为，舞蹈、音乐和诗歌是人类最古老的"三姊妹"艺术，但三者相互分离、各有局限。面向未来的艺术品应该克服三者分离的局面，走向统合艺术品，也就是走向他钟爱的歌剧。他写道："统合艺术品必须把艺术的各个分支用作手段加以统合，在某种意义上是为了共同的目标（即完美人性无条件的、绝对的展现）而消解各个艺术分支。这种统合艺术品不可能基于人之部分的任意目的来描绘，而只能构想为未来人类内生的和相伴的产物。"[1]在瓦格纳看来，实现统合艺术品，最合适的艺术是歌剧，它可以是诗歌、音乐和舞蹈"三姊妹"的团圆。瓦格纳以后，"统合艺术品"概念不断被赋予新的意义，成为浪漫主义以降一个经常被热议的艺术概念。根据当代德国学者福诺夫的系统研究，"统合艺术品"至少包含以下四层意思：首先，它是一种与世界和社会全景相关的不同艺术跨媒介或多媒介的统一；其次，它是各门艺术理想或隐或显融合的某种理论；再次，它是某种将社会乌托邦的或历史哲学的或形而上——宗教的整体性形象结合起来的封闭的世界观；最后，它是一种审美——社会的或审美——宗教的乌托邦投射，意在寻找艺术的力量来加以表现，并把艺术作为一种改变社会的手段。[2]就这四个层面的关系而言，最基本的显然就是艺术的跨媒介性基础上的艺术统一性，离开这种统一性，其他层面的理想和功能便无从谈起。这就从更高的层面上为艺术理论知识建

---

[1] Richard Wagner, "The Art-work of the Future", http://public-library.uk/ebooks/107/74.pdf.
[2] Roger Fornoff, *Die Sehnsucht nach dem Gesamtkunstwerk: Studien zu einer ästhetischen Konzeption der Moderne*, Hildesheim: Olms, 2004. See also David Roberts, *The Total Work of Art in European Modernism*, Ithaca: Cornell University Press, 2011, p. 7.

构提供了合法化的证明。当然,这不是说唯有音乐剧才是统合艺术品的载体,其实在艺术中这样具有整合性和统一性的艺术新载体正在层出不穷地涌现。晚近媒介文化和数字文化的兴起,为统合艺术品的生成提供了更多可能性。以至于有学者认为,瓦格纳统合艺术品的理论和实践已成为我们理解一系列跨界形式的重要方法:"从19世纪的歌剧到20世纪早期电影的诞生,再到电子艺术、录像、哈泼宁、60年代混合媒介戏剧,一直到今天个人电脑上操作的数字多媒体互动形式。"[1]

结　语

奥尔布赖特认为:"比较艺术的基本问题在于,各门艺术究竟是一还是多? 这个问题曾困扰希腊人,今天也不断地困扰我们。"[2] 从比较艺术到跨媒介艺术研究,一与多的矛盾始终是一个剪不断、理还乱的难题,在当下艺术理论学科建设中呈现

---

1 Randall Packer, "The Gesamtkunstwerk and Interactive Multimedia", in Anke Finger and Danielle Follett (eds.), *The Aesthetics of the Total Artwork*, Baltimore: Johns Hopkins University Press, 2011, p. 156.
2 Daniel Albright, *Panaesthetics: On the Unity and Diversity of the Arts*, New Haven: Yale University Press, 2014, p. 2.

为合与分的张力。分离论者强调多样性和差异性，主张各门艺术及其研究自成一格的独立性，轻视甚至抵制总体性艺术理论；整合论者认为各门艺术实际上是一个"联邦合众国"，它们有共同的问题和规律，尤其是对于各门具体艺术研究而言，如果没有艺术理论提供观念、方法和概念，我们是无法深入研究它们的。我以为解决这个难题的有效路径也许就在于多样统一的辩证法，或者用更为准确的术语来描述这一关系，即多样性中的统一性。正是因为多样性，所以有各门艺术存在的合理性；同理，正是因为各门艺术中存在着统一性，所以艺术才作为人类文明中的一个总体文化现象而具有合法性。我坚持认为，多样统一不但是艺术存在的根据，也是跨媒介艺术研究乃至艺术理论作为一个知识体系存在的理据。艺术的跨媒介性作为一种观念或方法，并不是让各门艺术分道扬镳，各说各的话语，而是着力于考量不同媒介之间的复杂关系，进而把握不同艺术门类之间的统一性。这正是当下提倡跨媒介研究对于艺术理论学科知识建构的意义所在。

（原刊《文艺研究》2019年第12期）

英语美学的历史谱系

一、英语美学与美学的现代缘起

作为一个概念,"英语美学"的说法有点含混。照理说,英语美学应包含一切以英语为语言媒介的美学文献。英语因广泛性而获得了"全球通用语言"的美称,毫无疑问,英语美学文献是最丰富的美学资源。就此而言,一切以英语出版刊行的美学文献均可称为"英语美学文献"。然而若采取上述宽泛界定，一些被翻译成英文的出版物就进入了英语美学文献范围，如此一来，英语美学几乎是无边无界了。因此，我们将英语美学文献具体规定为以英语为母语并生活在英语国家的美学家所撰写和刊行的美学著述。诚然，这也包括移居英语国家并用英语撰写和出版的美学家的文献。

从现代早期来看，"英语美学"和"英国美学"两个概念关系复杂。"英国"在眼下汉语的通常用法中既指联合王国（UK），又指英格兰。严格说来，英格兰只是联合王国的一部分，联合王国还包括威尔士和苏格兰以及北爱尔兰。另一个有所纠缠的概念是"不列颠"或"大不列颠"，通常指"属于或有关于大不列颠联合王国和北爱尔兰或及其人民"[1]。这一地区是英语的发源地，亦是近代早期启蒙运动的重要发祥地。为避免命名和称谓上的混乱和歧义，统称"英语美学"无疑是一个可行的策略。尤其是20世纪美国的崛起进一步巩固了英语作为全球通用语言的地位，也扩大了英语美学在西方美学乃至国际美学界的影响力。这里所说的"英语美学"主要指英美（Anglo-American）美学，"英"指广义的不列颠，而非狭义

1　https://dictionary.cambridge.org/dictionary/english/british.

的英格兰。

说完了空间上文化地理意义上的英语美学，再回到现代早期西方美学的时间维度上来考量。自20世纪60年代以来，18世纪英语美学始终是一个研究的热点。在我看来，这其中的原因是多种多样的。比如对英语美学在现代美学建构的历史进程中的作用如何认识。之所以会有这样的问题，是因为西方美学界通常的看法是，美学的现代缘起是德国美学的贡献，"美学之父"当属德国哲学家鲍姆嘉通，时间节点是1750年《美学》的出版，尽管这部著作的观念基于他1735年的博士学位论文及其后出版的《形而上学》。鲍姆嘉通第一次对美学做了清晰的命名和界定。但从美学学科命名以外的视角来看现代美学的缘起问题，可以追溯到先于鲍姆嘉通的两个关键人物，一个是夏夫兹博里伯爵三世，另一个是创建《观者》杂志的艾迪生。

美学史家盖耶在其《现代美学史》（三卷本）第一卷中，提出了一个关于18世纪现代美学起源的"奠基性十年"（the foundational decade）的说法，他认为在1709—1720年间，几个导致西方美学起源的重要观念出现了，如无功利性、感性经验与情感、想象力与游戏。有趣的是，这些观念几乎同时在英、法、德出现，英国的代表人物是夏夫兹博里和艾迪生，法国有杜波斯，瑞士有克鲁萨，德国则有沃尔夫。[1]如果我们把美学命名视作美学现代起源的正式宣告，那么，"奠基性十年"可当作这一宣告的前奏曲。这么来看，英语美学的独特贡献及其地位可见一斑。夏夫兹博里和艾迪生的奠基性角色，亦可合理地得到确认。其实，早在20世纪中叶，美国哲学家斯托尔尼兹就发表了一系列研究夏夫兹博里美学的论文。他认为，现代美学的基本观念乃是审美的自主性，夏夫兹博里则是促成审美自主性观念流行的重要推动者之一，审美无功利的概念也源于他的伦理哲学。斯托尔尼兹直言：夏夫兹博里的理论是美学史上的一个分水岭，它摆脱了希腊古典的和谐论，将无功利性概念引入美学思考，形成了古典与现代美学理论之间的某种张力，进而创立了现代美学的一个新的重心。[2]

毫无疑问，"奠基性十年"给我们提供了一个独特的语境，由此可以重审美学现代性进程中英语美学无可取代的作

---

1 Paul Guyer, *A History of Modern Aesthetics, Volume 1: The Eighteenth Century*, Cambridge: Cambridge University Press, 2014, pp. 30-33.
2 Jerome Stolnitz, "On the Significance of Lord Shaftesbury in Modern Aesthetic Theory", *The Philosophical Quarterly*, Vol. 11, No. 43, 1961, p. 111.

用。克里斯特勒在其经典的《艺术的现代体系》中做出几个重要判断。第一，17世纪及其后的英语美学受到法国美学的影响，然而到了18世纪，英语美学做出了自己的独特贡献，又反过来对欧陆美学，尤其是德国和法国美学发生深刻影响。第二，在现代早期的英语美学中，夏夫兹博里无疑具有突出地位："夏夫兹博里不仅在英格兰而且在欧洲大陆都是最重要的思想家之一，他的著述非常重要。……由于夏夫兹博里是现代欧洲第一位重要的哲学家，他关于各门艺术的讨论具有重要位置，所以，有理由把他视为现代美学的奠基者。"第三，18世纪下半叶，英语美学家们对于美的艺术体系的讨论并不关心，把更多精力放到有关艺术的一般概念和原则上，或不同艺术的相互关系上。[1] 尽管有学者对克里斯特勒的现代艺术体系论提出质疑，但他的历史描述和理论分析仍旧很有说服力，尤其是关于18世纪英语美学两大研究主题的归纳，基本上描画出其总体面貌。

---

[1] Paul Oskar Kristeller, "The Modern System of the Arts: A Study in the History of Aesthetics (II)", *Journal of the History of Ideas*, Vol. 13, No. 1, 1952, pp. 25-30.

二、趣味的世纪

按照克里斯特勒的看法，18世纪英语美学的思考聚焦于关于艺术的一般概念和原则以及不同艺术的相互关系。这一说法准确概括了实际状况。18世纪英语美学研究专家汤森也总结说，这一时期"理论争辩的核心问题是诗歌与绘画、音乐的关系，趣味的发展和判断力，美的特征及其用途等问题。其结果是一种显而易见的凌乱而又丰富的混合"[1]。也许是由于处在现代美学的初期阶段，理论思考显得庞杂而多样，但是，如果对这一时期英语美学的总体性稍加分析，便可发现一个概念尤为凸显，那就是"趣味"。

一种比较普遍的看法认为，18世纪是一个"趣味世纪"，即是说，"趣味"成为18世纪英语美学最为重要的概念[2]，重要的哲学家在论述美学相关问题时常常以趣味为核心。正像迪基所言：

---

[1] Dabney Townsend (ed.), *Eighteenth-Century British Aesthetics*, London: Routledge, 1999, p. 1.

[2] 卡斯特罗认为："如今一种普遍的看法是把18世纪当作'趣味的时代'。"Timothy M. Costelloe, *The British Aesthetics: From Shaftesbury to Wittgenstein*, Cambridge: Cambridge University Press, 2013, p. 6.

18世纪是趣味的世纪，即趣味理论的世纪。18世纪伊始，对某种经验理论讨论的焦点从美的客观概念转向了趣味的主观概念。……趣味理论的少数代表一直延续到19世纪早期，唉，但趣味模式的理论研究式微了，并被一种全然不同的思想所取代。[1]

迪基在其《趣味世纪的哲学奥德赛》一书中，特别讨论了趣味理论的五个代表性人物：哈奇生、休谟、杰拉德、埃利生和康德。这一理论发源于英伦，终结于德国。用康德的话来说，只有德国人用美学这个概念来表明其他人所说的趣味批判。[2]康德的这个说法陈述了一个等式：美学就是趣味批判。这么来看，趣味在美学思考中显然具有举足轻重的地位，也许可以看作是18世纪美学最具包容性的概念，在某种程度上统摄了其他美学概念。这是因为，一方面，趣味涉及审美活动的主体性的诸多层面，比如想象和联想；另一方

---

[1] George Dickie, *The Century of Taste: The Philosophical Odyssey of Taste in the Eighteenth Century*, Oxford: Oxford University Press, 1996, pp. 3-4.

[2] Immanuel Kant, *Critique of Pure Reason*, trans. Paul Guyer and Alan E. Wood, Cambridge: Cambridge University Press, 1999, p. 156.

面，趣味关涉审美对象的特质或范畴，例如美、崇高、如画、无功利性等。

"趣味"概念在此以前的美学思考中几乎不存在。"趣味"原意是指味觉、味道或口味，是通过舌头接触所产生的感觉，并以此构成主体的某种倾向或偏爱。历史地看，这一概念在18世纪英语美学中的兴起，与17世纪重视举止、礼仪和教养的时代风尚有关。随着这个概念的创造性转化，随着美学家越来越热衷于谈论审美、艺术或自然欣赏中主体的官能、感受、情感和经验，趣味成为描述审美活动的一个极具普泛性的范畴。就像人在品尝美食时的体验一样，通过舌部敏锐的味蕾可以感受到复杂多样的味道，"趣味"概念是一个可以把感觉、内心活动和理性判断能力很好结合起来的美学范畴。更重要的是，18世纪正值启蒙时代，现代性及其文化的基本形态已经呈现，现代文化的崛起带来了一系列重要的转变。其一，世俗化颠覆了宗教教义的判断标准，艺术与宗教分离带来了重新确立价值判断标准的现代性难题。韦伯在分析审美价值和宗教伦理价值区分时曾经特别指出，随着艺术世俗化，以往决定艺术风格和价值判断标准的宗教伦理失效了，取而代之的是艺术自身的判断标准。[1] 从这一历史趋势来看,趣味及其标准的问题应运而生便是合乎逻辑的事,成为美学家和艺术家必须回应的理论问题。其二,哈贝马斯在研究文化现代性进程时提出了市民社会中资产阶级"公共领域"概念,所谓"公共领域",就是18世纪西欧国家出现的文学俱乐部、音乐爱好者组织、读书会、批评家协会等民间文化机构。哈贝马斯特别分析了在公共领域如何形成理性辩论的传统,尤其是在文学公共领域,私人性的文学阅读演变成某种公共的讨论和交流,于是,这些活动就进入了启蒙的进程之中,原本抽象的自由、民主、正义等观念,便通过私人性的文学阅读和公共性的讨论争辩而具体化了,使众多参与者既深刻认识了社会的现实境况,又获得了对自我的新认知。"通过对哲学、文学和艺术的批评领悟,公众也达到了自我启蒙的目的,甚至将自身理解为充满活力的启蒙过程。"[2] 文学公共领域的批评和讨论,毫无疑问涉及所谓良好趣味判断力及其标准问题,这也是趣味世纪的一个典型征候。

---

[1] See H. H. Gerth and Wright Mills (eds.), *From Max Weber: Essays in Sociology*, Oxford: Oxford University Press, 1946, pp. 34-43.
[2] [德]哈贝马斯:《公共领域的结构转型》,曹卫东等译,学林出版社1999年版,第46页。

没有关于趣味的争辩,没有对趣味标准的论争,文学公共领域是无法运作的。其三,在西方社会现代性建构的进程中,美学家和批评家所扮演的"立法者"作用与趣味密切相关。根据社会学家鲍曼的研究,现代时期的美学家对于现代文化具有重要的奠基功能,这集中体现在美学家为文化艺术确立某些价值标准和评判方法,这是现代艺术和文化所以合法化的重要根据。"教养良好、经验丰富、气质高贵、趣味优雅的精英人物,拥有提供有约束力的审美判断、区分价值与非价值或非艺术判断的权力,他们的权力往往在当他们的评判或实践的权威遭到挑战从而引发论战的时候体现出来。"[1]唯其如此,18世纪"趣味"概念才吸引了如此之多的美学家,并使他们关于趣味的论辩充满了争议。

这一时期的趣味理论多源于英国经验主义传统,但也有不同的理论取向。大致说来,存在着三种理论:第一种是内感官论,第二种是想象论,第三种是联想论。内感官论以夏夫兹博里为代表,其基本信念是在主体的五感之外还有一个内在的感

---

1 [英]齐格蒙·鲍曼:《立法者与阐释者:论现代性、后现代性与知识分子》,洪涛译,上海人民出版社2000年版,第179页。

官,人对美的辨识和欣赏有赖于它。他认为,美并不在对象的物质特性中,甚至不在对象和谐的形式结构中,因为若要辨识美,需要某种"心灵的感官":

> 它(心灵的感官——引者注)能感受到情感中的柔和与严酷、愉快与不快;它能在这里发现邪恶与公正、和谐与冲突,如同在乐曲中或在可感事物的外表上发现的一样真实。它也不能隐瞒其赞赏和狂喜、厌恶与蔑视。因此,对于任何一个适当考虑这件事的人来说,对事物中存在崇高和美这种自然感觉的否定也仅仅是一种情感。[1]

在夏夫兹博里看来,这种内感官既不同于五感,也不纯然是心之机能,而是某种更高的反思性官能。就美的三个层级而言,从缺乏行动或智识构型中"死形式的美",到反映人之精神的更高一级的美,再到作为形式之形式的最高级的美,主体审美趣味的内感官对应于这最高层级的美。他的结论是,此乃

---

[1] Third Earl of Shaftesbury, *Characteristics of Men, Manners, Opinions, Times*, Cambridge: Cambridge University Press, 2000, pp. 172-173.

"一切美之准则和源泉"[1]。

18世纪英语美学资源丰富，讨论集中于三大议题：其一，趣味问题的讨论，或以趣味为纽带旁及其他美学问题的讨论；其二，美学重要范畴的探究，尤其是"美""崇高""如画"三个范畴；其三，不同艺术之间的关系、比较各自差异及其优劣，由此形成了关于"美的艺术"的艺术哲学体系。值得注意的是，这三个主题彼此相关并相互渗透，而趣味主题更为凸显。在各门艺术的哲学讨论中，越来越多的美学家发现，曾被奉为圭臬的古典的模仿原则遭遇了质疑。假如以模仿来要求并评判各门艺术长短，有些艺术很难适应这一规范，不少美学家直接提出，音乐就不能依照模仿原则来加以评判。此外，在各门艺术关系的研究中，艺术分类、各门艺术的比较研究也比较发达，诗画、诗乐、画乐等不同艺术的相互比较参照，发展出非常多样化的理论。较之于欧陆，英语美学提出的许多艺术哲学命题显然更早。比如诗画分界及其比较，早在莱辛的《拉奥孔》面世以前，英语美学就已经积累了相当多的讨论和文献。

---

[1] Third Earl of Shaftesbury, *Characteristics of Men, Manners, Opinions, Times*, Cambridge: Cambridge University Press, 2000, p. 323.

三、浪漫的世纪

19世纪在西方历史上是一个产生巨大变化的时期,这些巨变不但发生在社会和政治层面,而且也显著地呈现在文化和艺术层面。根据盖耶的看法,"漫长的19世纪"可以从1789年法国大革命一直延伸到1914年第一次世界大战的爆发。[1]这种划分相当有道理,因为重要的政治事件对艺术和美学有深刻影响。但对美学史研究来说,仅仅注意到外部重大事件的编年史意义是不够的。夏皮罗曾提出,艺术史的分期有三种主要路径,政治朝代分期(如奥托王朝、都铎王朝等)、文化分期(如中世纪、哥特式、文艺复兴等)和美学分期(罗马式、风格主义、巴洛克等)。[2]在他看来,后两种尤其是第三种比较切合艺术自身的历史演进。同理,我们也应在兼顾诸如法国大革命和第一次世界大战这样重大政治事件的同时,寻找美学史演变的内在逻辑及其嬗变的时间节点。从美学大观念来看,可以

---

1 Paul Guyer, *A History of Modern Aesthetics, Volume 2: The Eighteenth Century*, Cambridge: Cambridge University Press, 2014, p. 1.
2 Meyer Schapiro, "Criteria of Periodization in the History of European Art", *New Literary History*, Vol. 1, No. 2, 1970, p. 113.

把19世纪区分为两大阶段,即上半叶以浪漫主义为主潮,下半叶则是现代主义一统天下。如伯林说的那样,"浪漫主义的革命是西方生活中一切变化中最深刻、最持久的变化"[1],现代主义亦可视为浪漫主义的延伸或余脉。正像所谓"浪漫派"并非特指浪漫主义者一样,现代主义者也带有鲜明的浪漫主义气质。[2] 因此,我们不妨把19世纪统称为"浪漫的世纪"。

相较于德国浪漫主义美学和唯心主义美学的崛起,19世纪英语美学缺少18世纪那种独领风骚的气派。某种程度上说,这个世纪德国美学独占鳌头,它深刻影响了欧陆和英伦。盖耶直言,美学史上的19世纪始于何处的问题,实际上就是德国美学如何开始的问题。他甚至认为,同样对这一时期美学有所贡献的许多英国文人和哲学家,都是在德国美学影响下,尤其是谢林的唯心主义美学庇荫下做研究的。[3] 但无可否认的是,

---

[1] Isaiah Berlin, *The Roots of Romanticism*, Princeton: Princeton University Press, 1999, p. xiii.
[2] 比如据维尔默的看法,西方近代以来有两种现代性,一个是"启蒙现代性",另一个是"浪漫现代性"。后者包括德国浪漫派、黑格尔、尼采、青年马克思、阿多诺以及大多数现代艺术。Albrecht Wellmer, *The Persistence of Modernity*, Cambridge: MIT, 1991, pp. 86-87.
[3] Paul Guyer, *A History of Modern Aesthetics, Volume 2: The Eighteenth Century*, Cambridge: Cambridge University Press, 2014, pp. 2-3.

此一阶段的英语美学亦有自己的传统和贡献。由于英国工业革命走在前面，现代性作为一个改变社会的巨大动因，在英国比在其他地方更加强烈地为人所感知。诚如19世纪中叶马克思在《共产党宣言》中对现代性的精辟论断：

> 生产的不断变革，一切社会状况不停的动荡，永远的不安定和变动，这就是资产阶级时代不同于过去一切时代的地方。一切固定的僵化的关系以及与之相适应的素被尊崇的观念和见解都被消除了，一切新形成的关系等不到固定下来就陈旧了。一切等级的和固定的东西都烟消云散了，一切神圣的东西都被亵渎了。人们终于不得不用冷静的眼光来看他们的生活地位、他们的相互关系。[1]

这是对现代社会形态的精准描述，对文化和艺术的现代发展变化来说也同样适用。换言之，在文化和艺术领域，同样有一个急剧变动的趋势。波德莱尔从另一个角度对此做出了分

---

1 ［德］马克思、恩格斯：《共产党宣言》，载《马克思恩格斯选集》第1卷，人民出版社1972年版，第403—404页。

析:"现代性就是过渡、短暂、偶然,就是艺术的一半,另一半是永恒和不变。"[1] 可以想见,处于这样一个急剧变动的社会和文化中,曾经被奉为圭臬的许多传统美学观念,也就是波德莱尔所说的"永恒与不变"的原则,比如模仿原则,现在却变得令人质疑了,取而代之的是作为"过渡、短暂、偶然"的表现原则。

尽管现代始于文艺复兴,但真正导致传统和现代或古典终结的时间节点是19世纪。浪漫主义作为一种思潮、一种时代精神、一种美学立场,经过18世纪后期的酝酿,在19世纪的欧洲迅速蔓延开来。[2] 关于浪漫主义的文化特质或思想倾向,历来存在不同认知,究其与启蒙运动的关系,就存在着反启蒙、肯定启蒙或两者兼而有之的不同论断。我主张在现代性的张力关系中看待浪漫主义。18世纪以降,随着社会变革加剧,西方社会出现了充满张力的两种现代性:一种可称为"启蒙现代性"或"社会现代化",比如马克思所揭示的资本主义

---

1 [法]波德莱尔:《波德莱尔美学论文选》,郭宏安译,人民文学出版社1987年版,第485页。
2 据韦勒克研究,浪漫主义的概念1798—1824年在英国出现,1796—1820年在德国出现,而法国出现较晚,要到1830年以后。See René Wellek, *Concepts of Criticism*, New Haven: Yale University Press, 1963, pp. 128ff.

工业社会，韦伯分析的工具理性、科层化和计算的资本主义特征等；另一种是对此进行抵抗、批判的浪漫（或审美）现代性，是对社会现代化的黑暗面或消极面的抵制和抗拒。[1]所以，浪漫主义自身带有一系列激进的、反传统的特质。有学者曾对浪漫主义的特质加以总结，主张用一系列概念或关键词来概括其精神特质，诸如想象力，情感崇拜，主观性，对自然、神话和民间传说的兴趣，象征主义，世界之痛，异国情调，中世纪风，修辞等。[2]从中可以看出，浪漫主义在很多方面是与古典主义及其美学原则针锋相对的，带有强烈的颠覆性和反叛性。

尽管浪漫主义有早期与后期之分，英伦浪漫主义可以说与德国浪漫主义并驾齐驱，互相影响。不同于德国浪漫主义偏重于哲学美学，英伦浪漫主义更加倾向于文学艺术的具体实践，尤以浪漫主义文学最为明显，华兹华斯、柯尔律治、雪莱、布莱克、透纳、康斯坦布尔等一大批浪漫主义诗人、画家应运而

---

[1] 参见周宪《审美现代性批判》，商务印书馆2005年版，第136—155页；Michael Löwy and Robert Sayre, *Romanticism Against the Tide of Modernity*, Durham: Duke University Press, 2001。

[2] Henry Remak, "West European Romanticism: Definition and Scope", in Newton P. Stallknecht and Horst Frenz (ed.), *Comparative Literature: Method and Perspective*, Carbondale: Southern Illinois University Press, 1971, pp. 275-311.

生，声名远播。面目一新的浪漫风格不断向已有的美学和艺术批评提出严峻挑战，这就形成浪漫主义英语美学的一个显著特点，即美学讨论更多不是在哲学层面，而是集中在文学艺术批评中。德国的情况是：一方面，施莱格尔、歌德、席勒、诺瓦利斯、赫尔德等作家、诗人，努力追求一种偏重于哲学思辨的批评话语；另一方面，一大批思想新锐的唯心主义哲学家深耕美学，诸如谢林、黑格尔、叔本华等，创造了许多宏大的体系化美学理论。所以，19世纪德国美学以其哲学思辨为显著标志。有别于德国式的哲学体系，英伦走的是较为经验主义的批评之路，出现了不少浪漫主义批评家，除了上面提及的诗人批评家之外，还有哈兹利特、卡莱尔、亨特、罗斯金、阿诺德等。从英语世界来看，美国的崛起亦使北美的浪漫主义文学艺术和理论开始产生影响，爱默生、梭罗、哈德逊画派等渐成气候。这就构成了19世纪上半叶浪漫主义英语美学知识形态的批评话语特点。

虽然浪漫主义成为19世纪占据主要地位的美学思潮，但这一时期的不少观念和议题实际上延续了18世纪英语美学的传统，由于受到浪漫主义的深刻影响，一些问题的讨论也出现了些许变化。举例来说，在19世纪，"如画"（picturesque）

命题就有一个从园林居家小景向更加宏阔的自然大景观的演变。恰如有学者指出的那样，浪漫主义的视觉性内含了一个从"如画"到"全景"（panorama）的转型。[1]浪漫主义视觉性的这一深刻转变直指"奇观"效果，曾经主宰艺术的、让人静思默想的普桑式优美风景，在浪漫主义精神感召下，日益让位于奇观性宏大风景。"全景"范畴内含浪漫主义者对自然本身的崇拜和敬畏，更体现某种主体性特征，倾向于追求通过心灵而产生的想象性宏大景观。这一点在风景画的风格嬗变中体现得最为显著，只消比较一下荷兰风景画和透纳的风景画，便可清晰地看出"如画"意涵的深刻转变。在透纳的风景中，壮阔场面和想象奇观异常突出，其视觉效果绝非自然景观忠实描绘所能达到。在北美哈德逊画派中，尤其是比耶施达（Albert Bierstadt）的西部风景，场面恢宏壮阔，野性十足，展现北美原始的自然景观，带有强烈的视觉冲击力，其浪漫的视觉想象力得到充分展现。有趣的是，这种浪漫主义视觉性不仅体现在视觉艺术中，亦彰显于浪漫主义诗歌里。湖畔派诗人的诗作

---

[1] See Sophie Thomas, *Romanticism and Visuality: Fragments, History, Spectacle*, London: Routledge, 2008, pp. 1-19.

和批评呈现出对这种并非优美而是偏向于崇高特质的风景的追索。华兹华斯长期生活在湖区，并撰写《湖区指南》，他对这一令人心旷神怡的自然景观的崇高感做了生动而富有情感的描述：

> 可以肯定地说，如果美与崇高并存于同一个物体中，而且这个物体对我们来说是新事物，崇高总是先于美让我们意识到它的存在……至关重要的是，我们应以心灵最崇高的感觉和最神圣的力量准确地考虑自然的形式，并且，如果用语言描述，这个语言则应证明我们了解几项宏伟的法则，根据这些法则，这些对象应永远影响心灵。在目前这个并不重要的时刻，我认为自己有理由呼吁读者听一些关于这两个主要法则的内容：崇高法则和美的法则。[1]

从"如画"到"全景"，不但是美学风格的深刻改变，更反映了浪漫主义追求"绝对"和"无限"的强烈冲动。作为一

---

1 William Worthworth, "The Sublime and the Beautiful", in Robert R. Clewis (ed.), *The Sublime Reader*, London: Bloomsbury, 2019, p. 178.

个形而上的哲学范畴,"绝对"就是"一切条件之无条件总体性",用诺瓦利斯的话来说:"唯一的整体就是绝对。""宇宙乃是绝对的主语,或是一切谓语的总体性。"[1]这个观念有鲜明的德国哲学特色,但在英语世界亦是一个浪漫主义美学的核心观念。在德国,深受斯宾诺莎和康德的启迪,绝对乃是一个整体而非聚合,它统摄从物质到精神的一切,任何有限的具体的事物不过是其某一方面的呈现而已,有限乃是无限之呈现。恰如有学者指出的:"浪漫主义的另一个主要价值在于统一性或总体性。浪漫主义以两种包罗万象的总体性来假定自我的统一:一方面是整个宇宙或自然,另一方面则是人类世界,是集合在一起的人类。"[2]绝对是遥不可及的,但艺术是人接近绝对最有效的路径之一。这种哲学观念也深刻影响了英语国家的浪漫主义者。正是对绝对或无限的追索,使得浪漫主义美学讨论的话题以及浪漫主义艺术的风格迥异于古典艺术及其美学。所以,在浪漫主义艺术和美学中,总有一种挥之不去的"还乡"

---

[1] https://plato.stanford.edu/entries/aesthetics-19th-romantic/#Abso. Philippe Lacoue-Labarthe and Jean-Luc Nancy, *The Literary Absolute: The Theory of Literature in German Romanticism*, Albany: SUNY, 1988.

[2] Michael Löwy and Robert Sayre, *Romanticism Against the Tide of Modernity*, Durham: Duke University Press, 2001, p. 25.

情结，一种对失去的宝贵精神本源的忆念，一种以超验形式出现的安顿心灵的哲学倾向。无论你喜欢与否、赞成与否，浪漫主义美学都代表了那个时代的哲人与艺术家对现代性的"大转变"（波兰尼语）的某种回应。

浪漫主义美学的另一个显著特征是对古典艺术规则和原理的质疑与颠覆。这体现在诸多方面。其一，对艺术分界的古典美学的颠覆，形成了浪漫主义美学特有的融合论倾向。从希腊罗马古典时期到文艺复兴，一直到启蒙运动，各门艺术分界的原则被反复讨论，最集中地反映在莱辛的《拉奥孔》中。由于浪漫主义美学注重想象力、天才及个性化，显然无法就范于严格的古典规范。正像白璧德所发现的，浪漫主义最核心的美学观念是所谓"自发性"，即对各种可能性甚至不可能性的探索，因而在浪漫主义的美学和艺术实践中，各门艺术的跨界融合是不可避免的。[1] 这一转变可以从英语美学的诸多文献中看出。此时出现了布莱克这样在绘画和文学两个领域同时出击并都取得了令人瞩目的成就的跨界艺术家。其二，浪漫主义美学实现

---

1 Irving Babbitt, *The New Laokoon: An Essay on the Confusion of the Arts*, Boston: Mifflin, 1910.

了从模仿到表现观念的转型。18世纪美学基本上仍在古典的模仿原则下运作，各门艺术的美学合法性及其优长往往都需要根据模仿原则来判定。浪漫主义一改模仿为先的美学观，将艺术家情感表现提到了至高地位。"一切好诗都是强烈情感的自然流露"[1]成为浪漫主义最有影响力的口号，由此实现了西方艺术从模仿再现向表现的激烈转型，并为后来的现代主义登场奠定了坚实的美学根据。其三，音乐在各门艺术中独占鳌头，成为浪漫主义美学观念最有力的表征形式。在古典美学中，文学具有无可争议的至高地位，其他艺术都从文学中汲取灵感和表现技法，比如宙克西斯从荷马史诗中学会了描绘头发等。而亚里士多德的"诗学"乃是涵盖各门艺术的美学"圣经"。根据雅各布森的看法，文艺复兴时期的艺术以视觉艺术为主导范式，而浪漫主义则以音乐为主导范式。[2]其实，音乐地位的浪漫主义提升，与模仿原则的衰落密切相关。艾布拉姆斯认为，

---

[1] ［英］渥兹渥斯（华兹华斯）：《〈抒情歌谣集〉序言》，曹葆华译，载刘若端编《十九世纪英国诗人论诗》，人民文学出版社1984年版，第6页。

[2] Roman Jakobson, "The Dominant", *Language in Literature*, Cambridge: Harvard University Press, 1987, p. 42.

音乐是第一个从模仿的古典美学共识中分离出来的艺术门类。[1]我认为,音乐的非模仿原则的确认其实正好对应于浪漫主义情感表现的美学指向,音乐的表现性或非模仿性使之超越了文学、绘画、戏剧、舞蹈等艺术,成为浪漫主义美学观念的最佳载体。这种转变最集中地体现在佩特的经典表述中——"所有艺术都不断地期盼走向音乐状态"[2]。这不啻为19世纪英语美学最经典的表述之一。

如果把浪漫主义视作一种美学意识形态而非艺术运动,那么,19世纪后半叶的现代主义运动仍可看作是浪漫思潮的余绪。由于现代主义艺术是一个包罗万象的复杂文化运动,这一时期并没有体系化的美学理论。不过,有影响、有特点的美学观念却时常涌现,英语美学中最有影响的当数以佩特、王尔德为代表的唯美主义美学。18世纪在夏夫兹博里那里已出现审美无功利观念的萌芽,但严格地说,这一观念彻底诉诸艺术实践和美学理论话语,最终是在唯美主义阶段完成的。唯美主义

---

[1] M. H. Abrams, *The Mirror and the Lamp*, Oxford: Oxford University Press, 1953, p. 92.
[2] Walter Horatio Pater, "The School of Giorgione", https://victorianweb.org/authors/pater/renaissance/7.html.

兴起于维多利亚后期,从外部来说受到法国戈蒂耶、库申等人"为艺术而艺术"主张的启示,从内部来看则受到拉斐尔前派艺术主张的影响。唯美主义在19世纪70—80年代达致鼎盛阶段,其美学经典是佩特的《文艺复兴史研究》,他的学生王尔德则成为这一思潮的重要推手。唯美主义颠倒了古希腊以来作为永恒美学规则的模仿传统。依据王尔德的看法,真实的现实生活中并无美可言,唯有艺术家能发现并表现美。他提出了唯美主义三个基本原则:第一,"艺术除了表现它自身之外,不表现任何东西";第二,"一切坏的艺术都是返归生活和自然造成的,并且是将生活和自然上升为理想的结果";第三,"生活模仿艺术远甚于艺术模仿生活"。他的结论是:"艺术本身的完美在于她内部而不在外部。她不应该由任何关于形似的外部标准来判断。"[1]从夏夫兹博里到康德,从巴托到戈蒂耶和佩特,最终在王尔德那里完成了审美无功利或艺术自主性的理论旅程。早期浪漫主义提出的真善美统一的观念,在王尔德手中出现了分道扬镳的迹象。唯美主义的激进主张为19世纪英

---

[1] [英]王尔德:《谎言的衰朽》,载赵澧、徐京安主编《唯美主义》,中国人民大学出版社1988年版,第142—143、126页。

语美学画上一个句号，同时开启了20世纪声势浩大的形式主义艺术和美学潮流。脱离唯美主义，很难设想弗莱和贝尔的形式主义艺术理论，也很难设想英美新批评，甚至像俄国形式主义、布拉格学派等，都与唯美主义存在着或隐或显的理论谱系关系。

作为一个大转变时期的美学，19世纪上承18世纪，下启20世纪，实现了社会、文化和艺术的现代性的转型，因而这一时期的英语美学，既有承前启后的历史连续性特征，又有转折性的历史断裂特质。

四、分析的世纪

说到20世纪英语美学的知识生产，有两个显而易见的特点不可小觑。其一，英语成为全球通用语言，大英帝国的衰落和美国的崛起改变了西方知识生产的大格局。任何其他西方语言都成了地方性语言，其文化就同样属于地方性文化，知识亦是地方性知识。在20世纪西方知识生产的格局中，英语自然而然地成为最重要的载体。其二，在这样的语言政治格局中，英语美学似乎超越了其他语言，成为20世纪西方美学最重要的舞台。虽然有美学史家认为美国在20世纪以前几乎没有自己的美学传统，美国美学始于1896年桑塔亚纳的《美感》一书[1]，但从英伦视角来看，恰如《不列颠美学杂志》主编狄费所言，《美学与艺术批评杂志》历史长于前者，空间篇幅也更大，因而可以发表更多长文，美国美学研究者也远超英国，亦有不少英国知名美学家加盟美国高校。更重要的是英美国土面积和学术人口的悬殊对比，他甚至调侃地说，英伦美学较之于美国就相当于加州对全美。[2] 所以，如果说18世纪西方美学是英德法并驾齐驱，19世纪是德语美学独树一帜，那么，20世纪则出现了美利坚主导的势头，许多欧陆重要哲学思潮和美学观念也在美国生根开花并产生回响。

我们尚可找出某一核心概念来概括18、19世纪英语美学的总体性，可复杂多样的20世纪英语美学却难以概括。在哲

---

[1] 盖耶在其《现代美学史》第三卷中写到，19世纪美国尚未形成美学的学术传统，所以桑塔亚纳的《美感》可视为美国美学的一个起点。See Paul Guyer, *A History of Modern Aesthetics, Volume 3: The Twentieth Century*, Cambridge: Cambridge University Press, 2014, p. 235.

[2] T. J. Diffey, "On American and British Aesthetics", *The Journal of Aesthetics and Art Criticism*, Vol. 51, No. 2, 1993, p. 171.

学上，有人用"分析的时代"来称谓20世纪哲学[1]，亦有人用它来描述20世纪美学[2]。这种说法有一定道理，它标示了这一时期占据主导地位的哲学主潮（主导趋势），尤其是在英美国家，"二战"以后分析哲学成为最具影响力的哲学思潮。然而具体说来，20世纪远比前两个世纪复杂得多。从大的方面来看，上半叶和下半叶各有一个主导性的美学派别，前者是所谓表现论美学，后者则是分析美学。表现论美学深受意大利哲学家克罗齐的影响，在英国以科林伍德为代表，故称"克罗齐—科林伍德表现论"。分析美学受到英美分析哲学，尤其受到维特根斯坦理论的影响，但随着"法国理论"的登场，英语美学界广泛地出现了自索绪尔以来的"语言学转向"。从小的方面来看，这一时期的美学理论潮流至少包含了如下重要派别：表现论、形式论、审美论、分析美学、体制论、语境论。[3]

形式主义美学和表现论美学都有其19世纪的历史余脉。

---

[1] 参见[美]M.怀特编著《分析的时代：二十世纪哲学家》，杜任之主译，商务印书馆1981年版。

[2] See Timothy M. Costelloe, *The British Aesthetic Tradition: From Shaftesbury to Wittgenstein*, Cambridge: Cambridge University Press, 2013.

[3] See Stephen Davies & Robert Stecker, "Twentieth-century Anglo-American aesthetics", *A Companion to Aesthetics*, Oxford: Blackwell, 2009, pp. 61-72.

形式主义美学的代表人物是20世纪初"布鲁斯伯里群体"的弗莱和贝尔，两人为艺术批评家或艺术史家出身，从造型艺术（尤其是后印象派）入手进入美学理论领域，并以"有意味的形式"观念深刻影响了英语美学。"二战"前后，随着美国抽象表现主义的崛起，格林伯格重新举起形式主义美学的大旗。历史地看，形式主义美学继承康德的审美无功利论和自由美的观念，但在英语美学系统中也有两个渊源。一是始于夏夫兹博里的审美无功利理论。有研究表明，审美无功利性观念最早出自夏夫兹博里，时间是18世纪头十年。"当夏夫兹博里提出'无功利性'概念时，是朝向把无功利性作为一种独特经验模式的方向迈出的第一步，同时是至关重要的一步。这种经验模式在西方思想中是一个全新的概念。"[1] 二是佩特和王尔德等人的唯美主义美学观。当然，如果从欧洲更大的美学传统来看，还有更为复杂的历史渊源。从18世纪末康德的审美无功利性和自由美的理论，到19世纪末20世纪初德国的艺术史论（费德勒、里格尔、沃尔夫林），其"形式意志"的主张直接开启

---

[1] Jerome Stolnitz, "On the Origins of Aesthetic Disinterestedness", *The Journal of Aesthetics and Art Criticism*, Vol. 20, No. 2, 1961, p. 138.

了形式主义美学；心理美学和格式塔美学的出现也在相当程度上助推了形式主义美学的流行；而绝对音乐及其音乐形式美学（汉斯立克等），亦是很有影响的美学理论。

形式主义的基本立场是强调艺术形式乃是思考或评价艺术作品的核心范畴，无论优美、崇高、如画或悲剧、喜剧甚至丑，都可以从形式角度来探究，至于艺术风格或艺术批评的价值评判，都是基于形式所构成的审美特质。形式不但是一个用于分析的描述性范畴，还是一个价值判断的规范性概念。构成形式主义美学的核心理念是审美无功利性、艺术自主性和艺术纯粹性。无功利性是将审美从宗教、伦理和社会的利益关联中分离出来，自主性则是由于上述分离而形成的艺术作为一个独立的文化领域合法性的根据，纯粹性既是现代艺术所追求的某种理想目标，也是现代主义艺术大风格的显现。纯粹性最经典的表述是格林伯格的激进的分化论，他在《走向更新的拉奥孔》和《现代主义绘画》中不断重申一个原则，即每门艺术必须通过找到自己安身立命的根基来区别于其他艺术，因此绘画首先要改变依附于文学的局面，摒除诸如文学主题、历史或叙事等；其次必须和雕塑分道扬镳，放弃文艺复兴以来所追求的在平面上创造深度效果的传统，回到绘画自身独有的平面性上去。他写道:"每门艺术都不得不通过自己特有的操作来确定非他莫属的效果。……自身批判就变成这样一种工作,即保留自身所具有的特色效果,而抛弃来自其他艺术媒介的效果。如此一来,每门艺术将变成'纯粹的',并在这种'纯粹性'中寻找自身质的标准和独立标准的保证。'纯粹性'意味着自身限定,因而艺术中的真实批判剧烈地演变为一种自身界定。"[1] 曾经在浪漫主义美学中的各门艺术跨界与融合的理想,在现代主义纯粹性的追求中遭遇了严峻挑战。

作为一种美学观念,形式主义美学与传统美学的形式理论并不是一回事。福柯说过,形式主义是"20世纪欧洲最强大、最多样化的思潮之一"[2]。作为一种美学观念而非美学方法,它完全是现代性的产物。韦伯在其现代社会价值领域分化的经典理论中特别说到,随着宗教和世俗的分离,作为审美判断的宗教兄弟伦理便失去了有效性,而形式及其审美愉悦作为一个美学标准便被合法化了。[3] 如果说韦伯的理论从长时段揭示了宗

---

1 [美]格林伯格:《现代主义绘画》,载[美]福柯等《激进的美学锋芒》,周宪译,中国人民大学出版社2003年版,第205页。
2 杜小真编选:《福柯集》,王简等译,上海远东出版社1998年版,第484页。
3 See H. H. Gerth and Wright Mills (eds.), *From Max Weber: Essays in Sociology*, Oxford: Oxford University Press, 1946, pp. 340-343.

教与世俗的分离，为艺术的形式及其审美愉悦提供了社会条件，那么，可以肯定地说，形式主义美学的主要阐释对象是现代主义艺术。20世纪初的英国形式主义美学主要关注对象是后期印象派（塞尚、凡·高等），而20世纪中期的美国形式主义美学则着力于解释抽象表现主义（波洛克、罗斯科等）。或许可以这样解释，韦伯所分析的宗教衰落为形式主义美学站稳脚跟提供了历史条件，而现代主义艺术突出的特征——实验与创新——为形式主义美学提供了艺术的土壤。于是形式主义美学成为阐释现代主义艺术的有效理论工具。

按沃尔海姆的看法，形式主义美学有显性和隐性之分。如果我们把弗莱、贝尔和格林伯格等人的理论视作显性的形式主义美学，那么实际上还存在着许多隐性的形式主义美学。如前所述，德国移情论和格式塔论心理美学助推了形式主义美学的流行，在英国，布洛的审美距离理论或许是对审美无功利概念的心理学说明。从这个意义看，形式主义美学涵盖了许多看似不同的理论主张，它们具有"家族相似"的特点。

限于篇幅以及由于国内已有较多讨论，对表现论美学这里就不再展开，我们直接进入20世纪下半叶占据主导地位的分析美学及其相关理论。毫无疑问，20世纪人文学科最重要的

变化莫过于"语言学转向"。1967年罗蒂在其主编的《语言学转向》一书中直言:

> 由于传统哲学（此观点并未消失）在相当程度上一直力图在语言下面去挖掘语言所表达的东西，因此认可语言转向也就是预设了如下真实论题，这种挖掘是找不到任何东西的。[1]

1992年该书再版，罗蒂进一步明确了这个说法的确切意涵:

> 语言学转向对哲学的独特贡献……在于帮助完成了一个转变，那就是从谈论作为再现媒介的经验，向谈论作为媒介本身的语言的转变。[2]

---

[1] Richard Rorty (ed.), *The Linguistic Turn: Essays in Philosophical Method*, Chicago: University of Chicago Press, 1992, p. 10.

[2] Richard Rorty (ed.), *The Linguistic Turn: Essays in Philosophical Method*, Chicago: University of Chicago Press, 1992, p. 373.

如果把这些原理运用于美学研究，那么，语言学转向意味着从对美、崇高、审美经验、审美态度等问题的讨论，转向如何运用语言来讨论这些问题。如果不厘清所用的语言及其用法，任何美学问题的讨论都是无意义的，用维特根斯坦的经典说法——"一个词的意义就是它在语言中的用法"[1]。语言学转向的目标是彻底扭转美学研究的思维方式，将传统的美学问题和范畴一股脑地并入所用语言及其用法的讨论，这被认为是一种缩小甚至取消美学问题的思维范式。

索绪尔关于语言人为约定性和差别产生意义的观念，从更为深广的层面上揭示了一个事实：人通过语言来建构自己的现实，规定所讨论的问题，所以语言决定了我们对问题的理解。从索绪尔到维特根斯坦，再到巴特、德里达和福柯，以建构论为基础的话语理论成为人文学科最具颠覆性的思潮，不但美学讨论的问题彻底改变了，而且其方法论和思维方式也为之一变。在我看来，假如说20世纪英语美学是一个分析的时代，一方面是指语言分析哲学的影响，另一方面包含了以"法国理

---

[1] Ludwig Wittgenstein, *Philosophical Investigations*, Oxford: Blackwell, 1958, p. 43.

论"为标志的后结构主义美学。前者来自维特根斯坦的语言分析哲学，后者源自福柯、德里达、巴特等人的话语或文本理论，它们的合力作用共同奠定了英语美学乃至西方美学语言学转向的大语境。

其实，我并不主张恪守维特根斯坦语言分析的美学研究。由于拘泥于语言的技术和逻辑层面的解析，不但取消了美学的固有传统问题，而且遏制了美学原本具有的思想性，流于一些语言语法的逻辑的或修辞的技术性考量。倒是受到后期维特根斯坦哲学研究启发的其他理论似乎更具建设性和解释力。这些理论包括两种最有影响的类型，一种是所谓认知论美学，主要人物是古德曼和沃尔海姆；另一种是所谓语境论或体制论美学，代表人物有丹托和迪基等。从认知论美学来看，1968年两本标志性的美学著作面世，即古德曼的《艺术语言》和沃尔海姆的《艺术及其对象》。这两部著作深受维特根斯坦后期哲学观念的影响，从关于语言用法及其具体语境的作用，到生活形式的理论等。一般认为，这两部著作改变了分析美学的走向，即不再把艺术品作为游离于艺术家或创作环境的自在物，抛弃了传统的心理学或审美态度研究，转向艺术品特性与艺术传统、惯例、实践和艺术家意图关系的探究。即是说，艺术研究从抽象的逻辑的讨论，返归具体的历史文化语境来讨论。"对这些问题的历史语境化的、社会学的说明，取代了对艺术及其欣赏非历史的、心理学的分析。对于沃尔海姆而言，显然是强调艺术的历史特征，对古德曼来说，则源自他对与符号系统的惯例相关的艺术同一性的说明，以及首要作为认知的艺术价值的说明。……强调艺术是构造世界的一种方式，并建议，'何时是艺术？'的提问，比'何为艺术'更有趣也更有价值。"[1] 从"何为艺术"到"何时是艺术"，古德曼抛弃了种种"美学纯粹主义"的空谈，尤其是那些看似合理却常常走入误区的对艺术品纯粹内在特性的追求，回到了艺术品再现、表现和例证的具体情境中来。这与维特根斯坦所强调的"一个词的意义就是它在语言中的用法"的观念如出一辙。古德曼写道：

> 真正的问题不是"什么对象是（永远的）艺术作品？"，而是"一个对象何时才是艺术作品？"或更为简明一些……"何时是艺术？"

---

1 Stephen Davies & Robert Stecker, "Twentieth-Century Anglo-American Aesthetics", in *A Companion to Aesthetics*, Oxford: Blackwell, 2009, p. 67.

我的回答是……一个对象也是在某些而非另一些时候和情况下,才可能是一件艺术作品。的确,正是由于对象以某种方式履行符号功能,所以对象只是在履行这些功能时,才成为艺术作品。……只有当事物的象征性功能具有某些特性时,它们才履行艺术作品的功能。[1]

提问方式的转变就是思维方式的转变,抽象地追问何为艺术是不可能有解的,于是,古德曼提倡把注意力从"什么是艺术"转向"艺术能做什么"。最终,他将"何时是艺术"的提问,关联到更为广阔的"构造世界的多重方式"问题上来。他相信,"一个对象或事物如何履行作品的功能,解释了履行这种功能的事物是如何通过某一指称方式,而参与了世界的视像和构造的"[2]。

另一种从"意义即用法"观念中生长出来的颇有影响的美学理论是所谓语境论或体制论。这一理论的发明者是丹托,代

---

1 [美]纳尔逊·古德曼:《构造世界的多种方式》,姬志闯译,上海译文出版社2008年版,第70—71页。
2 [美]纳尔逊·古德曼:《构造世界的多种方式》,姬志闯译,上海译文出版社2008年版,第74页。

表性的观念是其"艺术界"理论。这一理论显然是面对当代艺术提出的严峻挑战时所做的回应。随着现代主义和先锋派的反叛和颠覆,尤其是后现代主义及其波普艺术混淆了现代主义刻意为之的艺术与日常生活界限时,"何为艺术"的问题变得更难以回答。在艺术终结论的谱系中,丹托创造性地提出,艺术史理论所建构的"理论氛围"乃是艺术界视某物为艺术品的关键所在。"将某物视为艺术要求某种眼睛看不见的东西——某种艺术理论的氛围,某种艺术史的知识:艺术界。"[1] "最终确定一个布里尔盒子和一件由布里尔盒子构成的艺术品之间差别的,乃是某种艺术理论。正是这种艺术理论将布里尔盒子带入艺术界,并使之区别于与其所是的真实物。"[2] 不同于古德曼强调对象的符号功能,丹托似乎更加倾向于从主体及其语境来思考何为艺术。虽然这里所说的艺术理论或艺术史知识有些含混,但它实际上是指拥有这些理论知识的人所构成的艺术共同体,会以某种方式被授权赋予某物以艺术品的资格。举个最简

---

[1] Arthur C. Danto, "The Artworld", in Carolyn Korsmeyer (ed.), *Aesthetics: The Big Questions*, Oxford: Blackwell, 1998, p. 40.

[2] Arthur C. Danto, "The Artworld", in Carolyn Korsmeyer (ed.), *Aesthetics: The Big Questions*, Oxford: Blackwell, 1998, p. 41.

单的例子,一旦某个艺术展览接受并展出了某个物件,这种授权的命名也就实际发生了。依我之见,这种理论受到库恩关于科学共同体及其范式理论的启迪。库恩的"科学共同体"概念对应于丹托的"艺术界",前者的"范式"概念对应于后者的"理论氛围"。按照库恩的理论,科学革命乃是范式的演变,范式则是一个科学共同体所共有的东西,从概念到形而上信念,从价值观到研究范例,"一方面代表特定共同体成员所共有的信念、价值、技术等构成的整体。另一方面,它指谓着那个整体的一种元素,即具体的谜题解答;把它们当作模型和范例"[1]。换言之,科学共同体正是在特定的范式中从事共同的科学事业,因而科学的革命也就是范式的转变。反观丹托的"艺术界",他认为艺术理论标识了人们处在特殊领域中并关注什么,这与物理学、化学对科学共同体的划界功能如出一辙。新理论标识了新现象,或者反过来说,新艺术现象催生了新艺术理论,并以此获得对新艺术现象的合法性及其理论阐释的有效性。这就是丹托所说的"氛围",它虽然不可见,但实实在在

---

[1] [美]托马斯·库恩:《科学革命的结构》,金吾伦、胡新和译,北京大学出版社2003年版,第157页。

地存在着，并引导艺术界的各种行动者（美学家、批评家、策展人等）。理论知识所造就的艺术家的"氛围"，其实就是库恩所说的科学共同体所共有的"范式"。三十多年后，丹托进一步明确了他的艺术界观念："批评也就是理由的话语，加入这个理由话语就规定了艺术体制论的艺术界：把某物视作艺术也就是准备按照它表达什么及如何表达来解释它。"[1] 语境论或体制论后来吸引了不少美学家甚至社会学家，逐渐发展成为20世纪下半叶重要的美学理论，它典型地反映了语言学转向对美学思维方式的重构，与维特根斯坦后期哲学、库恩的科学哲学、福柯的话语理论等，不是具有理论渊源关系，便是具有谱系对应关系，彰显了"分析时代"的美学分析的典型征候。

平心而论，在20世纪西方人文学科的场域里，较之于文学理论或艺术史论或文化研究，美学是一个相对保守的知识领域。在其他领域已经被讨论得热火朝天的观念和方法，往往慢几拍并被层层过滤后才渗入美学领域。语言学转向不但体现在上述比较折中主义的理论中，也逐渐形成了一些比较激进的理

---

[1] ［美］丹托：《再论艺术界：相似性的喜剧》，殷曼楟译，载周宪主编《艺术理论基本文献·西方当代卷》，生活·读书·新知三联书店2014年版，第255页。

论分支，诸如生态美学、女性主义美学、后殖民美学等，它们都是语言学转向及其建构主义的主流思维方式的必然结果。换言之，从索绪尔语言的约定性原理，到维特根斯坦"意义即用法"的观念，再到福柯"话语之外无他物"的主张，一切皆为语言建构（即话语）之产物。因此，后现代主义的登场、被忽略了的自然美、面临严峻挑战的生态危机、欧洲中产白人男性异性恋的价值观主导、底层和少数族裔的文化身份等问题，均是在美学知识场域中经由看似科学的学术语言建构出来的，揭露真相并予以批判，促成了生态主义、女性主义、后殖民主义等激进美学。这在相当程度上改变了20世纪下半叶英语美学的理论主题，美学的分析哲学导向也就合乎逻辑地转向了审美的文化政治议题。

（原刊《文艺研究》2021年第11期）